日高敏隆

生き物たちに魅せられて

青土社

生き物たちに魅せられて　目次

生き物たちに魅せられて

プロローグ
人間にとっての「自然」とは何か

一〇〇万種とも二〇〇万種とも言われるさまざまな動物がいるこの地球上の自然の中で、人間とはいったいどのような動物であるのだろうか？　昔からぼくは、そのような視点に立って、人間というものを考えてきた。

動物行動学的に見れば、人間も動物の一種であることは確かである。

けれどどう見ても人間は他のどの動物ともちがう。人間がゾウやライオンやイヌやネコとちがうのは当然であるが、ごく近縁の仲間であるとされているチンパンジーやゴリラ、オランウータンのような類人猿とも、人間は明らかにちがっている。それは同じ類人猿の中でも、チンパンジーとゴリラは明らかにちがい、それらとオランウータンもまたまったくちがうのと同じである。そして人間の赤ん坊は、チンパンジーやゴリラの赤ん坊と大変よく似ているように言われるけれど、必ず人間に育っていく。育っていくうちに、いつのまにかチンパンジーになってしまった、というようなことは絶対にない。きわめて当然のことであるが、人間は人間なのである。

そういうことがなぜ、どうして決まっているのか？　それは人間は初めからそのように遺伝的にプログラムされているからだとしか考えようがない。

ではその「人間の遺伝的プログラム」とは何か？

われわれ人間にとっては、これは根本的問題なのであるが、現在のところじつはまったく分かっていないのである。

人間は古い昔から、「人間とは何か」を問うてきた。けれどそれは、早く言えば「人間は動物とどこがちがうか？」という問いかけであった。いわく「人間には動物にはない言語がある」、いわく「人間には思想がある」、「人間には文化がある」等々。しかしこの問いかけは、根本的にまちがっていた。

問題は「人間は動物とどうちがうか？」ではなくて、「人間は他の動物とどうちがうか？」ということだったのである。

これに答えるには、人間はどういう動物であるかを問う以外にない。

人間は哺乳類霊長目の類人類（類人猿類）の一種である。動物分類学的にこれは確かである。

しかし、ふしぎなことがたくさんある。

類人類の一種でありながら、人間は他の類人類（類人猿類）と異なって、完全に直立二足歩行をする。体の構造もそのようにできている。

いつから、どのようにしてそうなったのか？　それは化石の研究から大筋は分かっている。けれど、なぜ二足歩行をするようになったのかは分からない。だが、全動物の中で、人間だけが直立二足歩行をしていることは確かである。

人間は哺乳類つまり〝けもの〟（〝毛物〟）の一種なのに、体には事実上毛がない。なぜこのようになったのか？

これもなぜだか分からない。けれど体にふさふさした毛がないことは確かであり、そのために衣類をまとったり、それでおしゃれをしたりする動物である。

それならなぜ頭だけには長い髪の毛があるのか？　これも分からない。しかし人間の頭の髪の毛は、他の類人猿の髪の毛とちがって、いくらでも伸ばすことができる。なぜ？　それも分からない。

体について見ても、人間はこんなにいろいろな点で他の類人猿とちがっている。その「なぜ？」を問うている人もいるが、確かなことは分からない。しかしとにかく、人間はそういう動物なのである。

もっと大事なのは、人間という動物の生きかたである。

人類学的な研究によると、現代人つまりわれわれ（学名をホモ・サピエンスという種類）は、およそ二〇万年ほど前、アフリカに現われたと考えられている。その詳しいことは分かっていないが、出現当初のホモ・サピエンスは、アフリカの森林地帯から出て、草原地帯へ移ったとされている。

なぜそんなことをしたのかは分からないが、とにかくその時代のアフリカの草原地帯は、すでにライオンやヒョウやハイエナなどという肉食獣がうようよいる危険な土地だったと考えられている。

一方、ホモ・サピエンスのほうは、今のホモ・サピエンスとまったく同じ体をした、角や牙といった武器も持たず、強力な爪もなく、高速で長く疾走することもできぬ、じつに無力な動物であった。それがそんなに危険な土地で、なぜ二〇万年も生き長らえることができたのか？ぼくはそれがふしぎでたまらなかった。

あるときぼくはふと思った。それは人間がその当初から、二〇〇匹、三〇〇匹という大きな集団をなして生活する動物だったからではなかったか？

そのような大集団をなしていれば、敵も防げただろう。他の動物を獲物にして食物とすることもできただろう。草の根のような食べ物を探して歩くこともできただろう。人間はそのようにして生きのびてきたにちがいない。

けれど、大集団で生きていくには、それなりの能力が必要である。まずとにかく集団が一つの集団としてまとまっていなくてはならないからである。

人間以外の類人猿にその能力があるとは思えない。チンパンジーはせいぜい数十匹の集団しか作れない。集団がそれ以上大きくなると、内部のいろいろな個体間関係のもつれから、集団は分裂してしまうらしい。それが彼らの生きかたなのである。

ゴリラは一匹のオスを中心とし、数匹のメスを集めたごく小さな集落を作る。そしてその中で子どもが育っていくと、オスは外へ出ていって、自分を中心とする新たな小集団を作る。ゴリラはそのような生きかたをする動物である。

一方、オランウータンは、大人になればオスもメスも単独で生きる。それぞれの個体は自分のなわばりを確保して、その中で食物を得る。オスはメスを求めて歩きまわり、他のオスとの争いがおこる。しかしオスとメスが夫婦で暮らすことはなく、育児はもっぱらメスによっておこなわれる。

けれど人間は、それらとはまったくちがう生きかたをしてきたのである。

大集団での生活は、当然ながら昼も夜ものことであった。昼は集団で身を守り、夜はばらばらないし家族単位ということでは、到底生きていけなかったろう。したがって、どこかに大きな洞窟のような守りやすい場所を見つけ、そこで大集団が住んだ。

そのため人間では、子どもの育ち方もまったく独自なものになった。

家族というものは存在していただろうから、居住地にはたくさんの家族が混在していたにちがいない。生まれた子どものまわりには、その子の父と母、兄弟姉妹たち、そしておじ、おば、祖父、祖母も一緒にいただろう。子どもはそのような家族の中で、それらさまざまな血縁者たちとつきあいながら育っていった。

少し大きくなった子どもは、居住地の中を歩きまわる。そしてそこで、よそのおじさん、おばさん、子どもたち、おじいさん、おばあさんと出会い、つきあっていく。

それによって子どもたちは、集団の中のさまざまな人たちと、それぞれどのようにつきあうべきかを学んでいったにちがいない。それが大集団で生きるという生きかたをする動物にとって、この上なく重要なことであった。

少し大きくなって獲物狩りについていった男の子は、その中で大人たちの狩りのしかたを学んだ。他の動物たちと同じく、人間の大人たちも、子どもに狩りのしかたを教えようとはしなかったろう。子どもは大人たちのしていることを見て、自分で学んでいったにちがいない。うっかりして大声で叫んだり、不適当な動きをしたりしたら、よそのおじさんから激しく叱られて、それがまちがいであることをすぐ学びとった。こうして子どもたちは、協同作業としての狩りを学んでいったのであろう。

女の子たちは狩りにはいかない。母親や姉さんたちと一緒に、食物の採集にいった。そしてその中で、どういうところでどんなものが得られるか、どのようにしてそれを手に入れ持ち帰るかを、これまた見よう見まねで学びとっていったのだろう。

こうして子どもたちは、立派な石器時代人に育っていったのである。

そしてそのような何百人という大集団になれば、人々のキャラクターも発想も多様である。そのように多様な人々のすることを見、それとつきあっていく中で、子どもの発想も多様になっていった。

けれどもっとも重要であったのは、集団の中のさまざまな人々とどうつきあっていくかを自然に学んでいけることであった。それは、それなしには大集団生活は続けていかれないからである。

大集団で生きるという生きかたをする動物であった人間は、おそらくずっと大昔から、このように生き、育っていくように、種として遺伝的にプログラムされていたにちがいない。

そしてその遺伝的プログラムは、今のわれわれでも変わってはいない。だから今でも昔でも、町が大きくなり始めると、人々が自然に集まってきて、たちまち大都市になっていく。それは善悪にかかわらず、人間の自然の姿なのである。そして人口が減りだすとたちまちにして過疎になり、まもなく集落は消滅する。

ここで今日もっとも重大だとぼくが思い、前からたえず主張しているのは、今日の人間社会における子どもの育ち方が、上に述べた人間の自然の姿からまるきり離れてしまっていることである。

「核家族では子どもは育たない」と言う人は最近増えてきたけれど、問題はもっと大きいのだとぼくは思う。核家族はもちろんのこと、今の「しつけは家庭で、教育は学校で」という考えかたは、人間という動物にとってまったく自然に反するものなのである。

大集団の中の一人の男にすぎない父と、同じく大集団の中の一人の女にすぎない母とからなる家族の中で、子どもが人間というものを知ることは不可能である。

よそのおじさん、おばさんをはじめとした、多様な人々の集団の中で子どもが育つ。そして教育されるのではなくて自分で学びとっていく。そのような自然社会にするには、どうしたらよいのだろうか? 自然の中で生まれた人間という動物がちゃんと生きていくためには、それをしっかり考えるべきときであると思う。

1

街のなかのモンシロチョウ　――人と自然

都市、公園、緑地と聞くと、ぼくはすぐモンシロチョウとスジグロシロチョウのことを考える。

昔の東京にはモンシロチョウがたくさんいた。車などたまにしか通らない第二次大戦中の東京では、道ばたのどこにでもモンシロチョウが飛んでいたような気がする。

空襲で東京の大部分が焦土と化しても、戦争が終わった翌年には、もうどこからやってきたのか、白いチョウたちの姿がひらひらしていた。

そのころは東京のかなり町なかにもちょっとした畑地が残っていた。世田谷、杉並などはまだまだ都市というより田園地帯であった。モンシロチョウたちはそこらじゅうにいた。そして今ではまったく見られぬふしぎな現象がおこっていた。

それは、夏になるとモンシロチョウがものすごく小さくなってしまうという現象であった。

それまで飛んでいたモンシロチョウが、一夜にして小さくなるわけではもちろんない。夏にあらわれてくるモンシロチョウが、小さいものばかりになってしまうということなのである。そのような小さなモンシロは、極端にいえば春のものの半分ぐらい。中にはシジミチョウほどの小ささで、モンシロシジミと呼びたいくらいのものまでいた。

この現象はかなり古くからおこっていたらしく、昆虫学者の横山桐郎氏が動物学雑誌に長い論文を書いている。（横山桐郎「夏生紋白蝶翅斑の変異」動物学雑誌34巻（一九二二）一七八—一九二ページ）

そして秋になると、また春と同じ大きさの、ふつうのモンシロチョウばかりになるのである。

戦後ぼくはこのことにいたく興味を抱き、その原因を調べてみた。

理由は簡単であった。当時、キャベツ、ダイコン、カブ、ハクサイなどといったアブラナ科の野菜類は、夏にはとうが立って（花が咲いて）枯れてしまうので、七月から八月にかけてはどこの畑にもまったく栽培されていなかった。

周知のとおりモンシロチョウの幼虫は、アブラナ科植物の葉を食べて育つ。ところが初夏のキャベツで大量に増えたモンシロチョウが一斉に親のチョウになる七月には、もはやキャベツも菜っ葉もない。しかたなくチョウたちはペンペングサとかイヌガラシとかいう野生のアブラナ科植物に卵を産む。

都市化が進んでいたとはいえ、東京の道ばたにはこういう「雑草」がたくさん生えていた。

モンシロチョウたちはこういう草に次々と卵を産みつけていったのである。
ところがこういう野生の草の葉は小さい。そこへ大量の卵が産みつけられる。必然的に幼虫たちは、十分に餌が食べられない。しかし季節は真夏で暑いから、発育はどんどん進む。結果的に幼虫たちは、小さな小さなチョウになってしまうのである。

これが、夏の東京で毎年のようにおこっていた小さなモンシロチョウ異変の原因であった。秋になって菜っ葉類の植えつけが始まると、また春と同じ大きさのチョウたちがあらわれてくるのである。

東京でおこったもう一つの異変は、一九七〇年代の初めごろに気づかれるようになった。それは東京という大都市におけるモンシロチョウとスジグロシロチョウとの入れかわりである。

上に述べたとおり、それまでの東京にいた白いチョウは、そのほとんどすべてがモンシロチョウであった。

スジグロシロチョウというのはモンシロチョウとごく近い仲間のシロチョウで、姿・形も色もよく似ているが、はねの翅脈《しみゃく》が黒いのでスジグロという名がつけられている。これはごく日かげのところにしかいない、東京ではむしろ珍しいチョウであった。

ところが、一九七〇年代の初めごろから、東京にこのスジグロシロチョウが増えだした。

白いチョウが飛んでいる。モンシロチョウだなと思って見ていると、どうも飛びかたが少しちがう。モンシロチョウなら飛ばないはずの日かげや梢の上を飛ぶのである。捕まえてみるとスジグロシロチョウだった。

こういう事例が多くなると、モンシロチョウはどうしたのかが気になった。注意して見ていると、モンシロチョウは明らかに減っているようであった。

そんな事態を見ていて、チョウ好きの人々はいろいろと憶測した。去年の冬が寒すぎたからだという人もいた。しかし冬が寒かったらスジグロが増えるのか？　ぼくは変なことを考えた。スジグロシロチョウが増えたのは、東京に高層建築が増えたからではないだろうか、と。

モンシロチョウは元来、中国大陸の平野部にいたチョウで、それが海を渡って日本にもやってきたのだろうと考えられている。

彼らは日がよく照る開けた場所が好きであり、体もそのようにできている。たとえば強い日射しに照らされても体はそれほど熱くならないが、林の中や曇りの日は体が冷えてしまうので苦手である。

一方、スジグロシロチョウのほうは、昔から日本に住みついていた。中国大陸の平原とちがって森や林ばかりの日本で生まれたこのチョウは、林の木もれ日の環境を好み、そういう場所の弱い日ざしを受けて体温を保ちながら生きていけるようにできている。けれど、太陽にがんがん照らされると、体は過熱して熱麻痺に陥り、飛べなくなってしまう。このことは実験的にも確かめてみることができた。

つまりモンシロチョウは開けた場所のチョウであり、スジグロシロチョウは林の中のチョウなのである。

あのころの日本経済の繁栄によって東京に高層建築が増えはじめると、東京という都市の中心部は、高い建物の陰が増え、日かげの多い林の中と同じ状況になったのではないか。

そうなると、日なたの好きなモンシロチョウは住みにくくなる。明るい公園やお堀端ぐらいがよく日の当たる場所となり、それ以外は日かげの多い林と同じ、生活にも繁殖にも幼虫の発育にも具合の悪いところになってしまう。

けれど、片や日かげの好きなスジグロシロチョウにとってみれば、高層建築が増えたことはもっけの幸いであった。昔の平たい東京とはちがって、あちこちに日かげができ、ちょうど林

スジグロシロチョウ

モンシロチョウ

の中にいるようなものだ。

そればかりではない、日なたより日かげを好むムラサキハナナ（オオアラセイトウ）というアブラナ科の植物も、その紫色の花が人間に好まれて、あちこちにたくさん植えられるようになった。野草ではなく栽培植物だから葉も大きく、幼虫の食物としてもうってつけであった。

これらのことが原因になって、東京ではスジグロシロチョウが増えはじめ、日なたを好むモンシロチョウは減ってしまったのではないか。ぼくはそう考えたのである。

ぼくのこの想像があたっているかどうか、まだよく分からない。今、いろいろと調べているところである。

けれど、東京でそういうことが可能になったのには、公園緑地が大きな役割を果したと考えられる。

東京は家や建物の立ち並ぶ大都市であるが、思ったより公園や緑地が多い。その多くは明るく整備された近代的公園であるが、こういうところはあまり意味をもたない。明るいからモンシロチョウの住む場所には向いているかもしれないが、「雑草」は征伐して清潔な明るい公園にしているから、そこでモンシロチョウが育つことはできない。

けれど、明治神宮をはじめとするいわゆる「社叢《しゃそう》」には、木がかなりこんもり茂っていて日かげが多く、「雑草」もまだたくさん生えている。こういう場所にはモンシロチョウはほとんど居らず、スジグロシロチョウが住みついている。いったん東京の町に高層建築ができはじめ、日かげが増えだすと、こういう自然の林に近い緑地や公園にいるスジグロシロチョウが、次第に高層建築の生みだした新しい「林」に進出していったのではあるまいか？

その結果として東京には、モンシロからスジグロへという種類の入れかわりはあったにせよ、白いチョウが街の中をひらひら舞うという、何となく心安まる状況が残ったのだ。

二十世紀初めの三年ほどにわたっておこなった文部科学省の科学研究費による調査などの結果を見ると、大阪ではどうもそのようになってはいないらしい。急速に近代的大都市となった名古屋でも事情は東京とはちがうらしい。

東京の公園緑地がどのようなポリシーのもとに作られてきたのか、ぼくはまだよく調べていないが、それができるだけ自然な林や森を目標にしていたとはあまり考えられない。多くの公園は、むしろ自然のままの草や木を生やしたものよりも、もっと明るくて「雑草」も「雑木」もない、「近代的」で「都市的」な公園を目指していたと思われる。

そういう公園はモンシロチョウも住みつかせず、スジグロシロチョウも育てず、街をわびしく心の安らぎのないものにしていくのに貢献した。

けれど幸いにして自然に近い状態の残っていた公園や緑地もあったから、大都市東京にはまだチョウがいる。

街の中を白いチョウが飛んでいるかどうか、そんなことどうでもよいと思われるかもしれない。しかしそういう状況があるかないかということによって、何か心の安らぐ都市になるかどうかも決まるのである。

その意味では、公園緑地をどう作るかは、人と自然、都市と自然を考える上で、まことに重要な課題であると思う。

自然とどうつきあうか

［二〇〇三年六月二十三日、亀岡市ガレリアかめおかでの講演］

ただいまご紹介いただきました日高でございます。

総合地球環境学研究所は、開所して二年目になります。この研究所はいろんなことをするのですが、今までとは少し変わった形です。日本には国立の環境研究所がありますが、これは環境省がやっています。ダイオキシンの問題とか、地球温暖化の問題、酸性雨の問題、いわゆる地球環境問題をどうしたらよいかということを国の政策として、それに対する方法を考えるという研究所です。

政策として提出するのではなくて、一体、地球上に百万種類もいるといわれている動物の中で、人間という種類だけがなぜ地球環境問題という変なことを引き起こしたのかということもきちんとしておかないと、今後われわれはどうしていけばいいのかがよく分からないだろう。それをするのがこの研究所なのです。大変なことでありまして、かなりチャレンジングな研究所だと思っています。そういうことで、これからいろいろなことをやらなくてはならないし、亀岡市（京都府）も地球環境子ども村という壮大な計画をお持ちですね。そういうことにどのように絡まっていけるかということを考えています。

今日ここでお話するのは、「自然とどうつきあうか？」ということですが、自然は非常に複雑怪奇なもので、なかなかよく分からない。本日のパンフレットの「自然とどうつきあうか？」に1〜15まで、ぼくがメモ用に書いたものが入っています。

メモ

1. 動物たちの不可解な行動。子殺し。独占。自分の子。——種族はどうなる？
2. 種族の維持など考えていない。
3. 自分の適応度増大——結果としては種族は残る。
4. 繁殖戦略——オスとメス。——オスとメスの根本的な違い。
5. メスの配偶者選び（フィーメイル・チョイス）——それでクジャクはきれいになった。
6、誰がそんなことをさせるのか？
7. それは遺伝子だ。——「利己的な遺伝子」。
8. だまし。盗み。かけひき。
9. 利己的なだけでは損をする。——利他行動と助け合い。
10. 大人の動物は殺しあいをしない。——結果としての道徳。
11. 花の高さはなぜ同じか。——進化的に安定な戦略（ESS）。

12. 男と女はなぜいるか？
13. 自然は競争の世界で調和は結果。
14. 調和がないから進化がおこる。――進化に目的はない。
15. そういう自然とどうつきあうか？

本当の講演要旨は、自然とつきあうのはなかなか大変です。それは自然が私たちの思っているのと違って、すさまじい競争の世界だからです。いわゆる弱肉強食があります。ライオンがシカを食ったりする、そういうこともあるのですが、そればかりではなくて、同じ動物同士がものすごい競争をし合っている。そうなると非常に話は複雑になって、同じ動物のオスとオスが競争し合うとなりますと、普通よく言われる「自然にやさしく」という言葉がありますが、それがそもそも困るのです。「自然にやさしく」と言うけれども、自然の方が競争し合っている。どちらにやさしくするつもりなのですか、という話になります。ですから、あまり簡単にものは言えないのではという話になる。その辺のところで、自然というのは、いったい実態としてはどうなっているのだということを、ごく簡単に説明してみたいということです。

今までに有名な先生方がたくさんこの亀岡に来られて、コレージュ・ド・カメオカで話をされておりますが、こういうお話をされた方はおられないようですので、そういうことを少しお話しようと思っています。

動物たちの不可解な行動——子殺し、独占、自分の子

まず、動物たちがやっていることです。昔は話は非常に簡単でした。つまり動物たちは一生懸命苦労しながら生きている。それは分かります。何のために苦労しているのかというと、自分たちの種族を維持するために一生懸命なのです。例えばオスが一生懸命メスを探して歩く。チョウチョがその辺を飛んでいます。ぼくらから見ると、のどかにひらひら飛んでいるように見えますが、実はそんなことではなくて、必死になってメスを探しているわけです。メスを探して、交尾して、メスが受精卵を産んでくれないとチョウチョは間もなくみんな滅びてしまう。ですから子孫を残さなくてはいけないということになります。

チョウチョは卵を産むだけでいいのですが、ほかの動物になると、メスは産んだ子どもを一生懸命育てます。これも大変だろうと思うのですが、しかし一生懸命やっています。そうして子どもを育てていかないと種族が滅びてしまうということになる。そうなると、彼らが一生懸命やっていることは、種族が生きていくためだ、種族維持のためだと考えればよく分かります。そういうつもりで見ますと、動物たちも大変です。みんな苦労している。種族を維持するのは大変だということで、皆さんは分かっていたわけです。

ところが、今から三十年ぐらい前になって、動物行動学とか、動物社会学の研究が進んできますと、どうも変だということになりました。皆さんもテレビなどでご存知のとおり、その一つの例は、ハヌマンヤセザルというサルがインドにいます。このサルの社会がどうなっている

のかを研究した杉山幸丸先生が、先生になる前、まだ大学院の杉山君だったころに、インドへ行って一年か二年か住み込んで、それぞれの山で自然のままに生きているハヌマンヤセザルの社会を見ていったわけです。

間もなく分かったことは、このサルは、ニホンザルみたいに何十匹という集団はつくっていない。十匹以下の非常に小さい集団である。オスが一頭いて、残りの六〜七頭はみんなメス。つまり、このサルの集団はハーレムです。オスが一頭、これがハーレムの主で、このオスは、その五〜七頭のメスを全部自分のものとして抱え込んで、そのメスとつがって自分の子どもを一匹ずつ産ませています。これがこのサルの社会のユニットだと分かりました。

小さいサルですから、子どもは生まれたら二年もすると大人になります。メスが一匹ずつ子どもを持っているのですが、その子どもが大きくなると、大人になったオスは、当然オスですからメスが欲しい。どこか近くにメスはいないかと見ると、同じハーレムの中に六匹ぐらいメスがいますから、六匹子どもがいるわけです。半分ぐらいはメスです。そこに妹がいる。妹はメスですから、まず妹に迫る。妹は断固イヤと言って断ります。

断るのも、人間の場合だと、そういう話を断るときには、「この話はなかったことにしましょう」とか、「ずっとお友達でいましょう」みたいな話で済むのですが、サルの場合には噛みついてきて、とても怖い。オスザルはびっくりして引き下がる。今度は別の妹のところへ行き、またそれをやるわけです。しょうがないからもう一匹残っている妹のところへ行くと、これも断ります。あとハーレムの中に残っているメスは自分の母親しかいません。しょうがないから母親で我慢しようということになるのですが、そうすると、今度は父親が出てきて怒る。結局そのオスザルは、ここにいてもとてもメスは手に入らないと、群れから出ていってしまいます。

みんなそれぞれ出て行ってしまって、今度は山の中でほかのハーレムを見つけます。それを襲って、その主であるオスとすごい闘争をして、若い方が勝つこともありますので、結局勝って、前のハーレムの主を追っ払って、自分がまんまとそのメスの集団を乗っ取ります。それを杉山先生は見た。群れの乗っ取りはいろんなところで起こりますから、それはなるほどと思ったのですが、その次に、乗っ取ったオスがやることが変なんです。そこにメスが五〜六頭います。みんな子どもを持っている。ところが乗っ取ったオスは、その子どもを襲って、嚙みついて大怪我《けが》をさせる。杉山先生は、初めは、メスを口説こうと思って、メスが嫌がりますので、それを無理しているうちに間違って子どもに怪我をさせたのではないかと思ったらしいのです。ところが、よく見ているとそうではない。本当に子どもを狙って嚙みつくのです。

とにかく、群れの乗っ取りが起こると、必ず子殺しが起こる。子どもに嚙みつきますね。今度は、子どもの母親は怪我をした子どもを放り出してしまう。ですから子どもは死にます。結果的に子どもはみんな死んでしまう。群れの乗っ取りが起こると、必ず子殺しが起こることが分かりました。

種族維持など考えていない

杉山先生は分からなくなってしまったのです。こんなことをしていたらハヌマンヤセザルの種族はどうなるのだろう。せっかく次の世代を担うサルが育ってきているのに、次に乗っ取ったオスがそれを殺してしまうというのは何事なんだろうかと思ったわけです。もしかすると人口調節かもしれない。人間でもそうですけれども、あまり人口が増え過ぎると、食べ物は足りなくなるし、土地は汚染される。伝染病が流行したりすれば大変ですから、種族の維持にとってはあまり良くない。だから人口は適当に調節しておく必要があるわけです。多分、ハヌマンヤセザルのオスは、どうも自分たちの仲間の数が増え過ぎたのではないかと思っているのだろう。だから子どもを間引いて数を減らそうとしている、人口調節しようとしているのではないかと思った。

ところが、その子どもを殺されたメスは、発情してその新しいハーレムの主のオスを受け入れ、交尾し間もなくその新しいハーレムの主の子どもを産みます。次々にオスがそうしてメスとつがっていきますから、間もなくメスが六匹いたら六匹の子どもが産まれる。人口は全然減らない。何だか分からなくなってきた。一体何をしているのだろうと思ったわけです。話によると、ちょうどそんなことで困っていたときに、国際会議があって、何か発表しなければならない。杉山先生はインドで見たハヌマンヤセザルのことを発表しました。よく分からないけれども、こんなことをしていますと言ったら、みんなも分からなかった。「それは一体何だ。杉山、おまえは一体何を見てきたのか。そんなことをしたらハヌマンヤセザルの種族はどうなってしまうのだ。そんなことがあるはずないではないか。子どもというのは大事な種族の次の担い手だから、子どもは大人がみんなで守るものだ。それを大人がわざわざ殺すとは何事だ」ということになったのです。非常に評判は悪かったそうです。

ところが、そのときに、同じ学会で、アフリカでライオンの研究をしているイギリス人がいて、この人がライオンでも同じようなことがあると発表した。ライオンも、群れの中で生まれたオスの子どもは、大人になると群れから出て、ほかの群れを襲って、そこのオスたちを追い払い群れを乗っ取る。群れというのはメスですから、メスの群れを乗っ取って、オスは追っ払ってしまう。そしてそのメスたちが持っている子どもを全部食い殺すということを発表したのです。

インドのサルがやっていることと、アフリカのライオンがやっていることが全く同じだというのは、どういうことだということで、これは偶然の話ではないとなりました。

皆さんも経験があると思います。今まではこういうものだよと言われて、そう思っていると、そのように見える。ところが、誰かある人が全然違うことを言ってみる。そうかもしれないなと思って見ると、あっ、確かにそうかもしれないなと、こういうことになります。

これは新しい発想が出てくるということですが、そこで、この連中は何を考えているのかよく分からないけれども、とにかく種族の維持を考えているようには思えない。では、一体何を考えているのだろうか。

自分の適応度増大

ハヌマンヤセザルの場合ですと、ハーレムを乗っ取ったオスにしてみると、そこにメスたちが持っている子どもは、確かにハヌマンヤセザルの種族の子どもですが、その乗っ取ったオスから見ると、自分とは何のかかわりもない子どもです。つまり、ほかのオスがこのメスたちに産ませた子どもです。自分とは何も関係がない。そういう状態であるということがまず第一です。サルも、ライオンの場合も同じことです。ライオンの場合も、乗っ取ったオスから見たら、そこにいる子どもは自分とは何の関係もない。血縁関係も何もない子である。

もっと具合が悪いことに、サルもライオンも、メスは子どもを育てている間はオスを絶対に受け入れない。オスは、一生懸命闘争して、群れを乗っ取ってメスを手に入れたけれども、そのメスには指一本触れられないということになると、何のために闘ったのか分からないということになります。そのうちにまた乗っ取られたりしたら、目も当てられません。早く自分の子どもを残したい。もちろんメスとあることはしたいわけです。当然オスですからそう思っている。それもできない。自分の子どもも残らない。そんなばからしいことはないはずです。

そこで、どうしたらよいかというと、その子どもを殺してしまうことなんです。そうするとメスは発情してオスを受け入れますから、オスは自分の望んでいることができて、かつ子どもは自分の子どもが残る。そういうことを考えているのではないかとなりました。

サルとかライオンがそういうことをしていることは分かったのですが、そのうちに、変なことがいろいろありますね、ということになりました。

例えば、昆虫ですが、トンボは変なことをすることが分かりました。トンボはこの辺にもたくさんいますが、秋になると二匹尾つながりをして空を飛んでいます。あれを研究した人がいる。前がオスで後ろがメスなのですが、オスが自分と同じ種類のトンボの羽色とかおなかの色で見分けて、そばへ寄っていく。尻尾の先にカギがあるのですが、それでメスの首を捕まえて、一度合図をしますと強制着陸みたいになるのです。どこかへ降ろしてそれから合図をしますと、今度はメスがおなかを曲げてきて、オスの腹のつけねにあるオスの性器に自分のおなかの先にある自分の性器を当てがって、精子をもらう。これがトンボの交尾ですが、そのことは前から分かっていたのです。そのときに非常に時間がかかるのです。そんなに時間がかかるはずはないのだけれども、すごく時間がかかる。それに疑いを持った人がいて、なぜそんなに時間がかかるのかと調べた人がいます。オスとメスの性器がくっついているところを双眼鏡で覗くわけですから、かなり趣味が悪い研究だと思うのですが、幸いなことにこれを初めてやった人は日本人ではなくてノルウェー人でした。

その人が見ていて分かったことは、オスは自分の性器の中にある変な、昔から何に使うかよく分からなかった毛の生えたスプーンみたいな小さい装置でメスの性器の中を調べているということでした。何を調べているかというと、このメスが、自分が呼ぶ前にほかのオスと交尾をして精子をもらっていないかどうかを調べている。もしも前のオスの精子がメスの性器の中にあったら、毛の生えたスプーンみたいなものでそれを全部きれいに捨ててしまう。きれいにして、それから自分の精子を入れる。そんな掃除をしているから時間がかかるのだと分かりました。

きれいに掃除をして、自分の精子を入れますと、そこでむらむらっとオスには不信感が沸くのでしょうね。つまりこのメスは、自分のところに来る前にほかのオスといいことをしていた。でも自分が呼んだら、またポイと来た。これは浮気女である。今自分が離したら何をするか分からない。そこで離してはいけないということで、卵を産むまで首根っこを押さえて連れて回る。よそのオスのところに行かないように。秋になるとそういうペアがたくさん飛んでいるわけです。いかにも仲良さそうに飛んでいますが、あれは仲がいいのではなくて、全くの不信感なのです。オスのメスに対する不信感がいっぱい空を飛んでいる。秋になってトンボを見たらそう思ってください。そういうことになりました。

昔は、トンボは大した動物だということになっていました。つまり、種族を維持するためにはメスが卵を産まなければいけない。メスはか弱いものだから、オスが保護して連れて歩く。メスが卵を産むときも、水の中に入って卵を産む種類もありますから、そういうときにオスはメスの首を押さえて、卵を産み終わるまでずうっと持っている。これは種族の将来を考えた立派な動物だということになっていたのですが、よく調べてみたら、全くそうではなくて、単にメスに対する不信感にすぎないということが分かりました。

そこから話がどんどん広がっていって、人間でも、外国では男の人が女の人を、自分の奥さんとか恋人、娘でもいいけれども、そういう人をちゃんとエスコートして連れて歩きますね。日本にはそういう習慣があまりありません。日本の文化程度が低いのだとか何とかということになっていたのですが、調べてみると、そういうことではないのです、人間の場合でも。外国人の場合は、男の人はすぐに女の人に手を出す。日本の場合は、わりと安全なので放り出していていいと取られてしまうのです。だから一人で放っておくと危ない。連れて歩いていないといけないと、どちらの方が危なっかしい動物なのかよく分かりません。というような話になっただけの話で、だんだん昔言われていた話と違うようになっていったのです。

そうなったときに、なぜオスはそういうことをするのか。トンボの場合、メスは三百個ぐらい卵を持っています。オスは自分の精子を入れる前に、前のオスが入れた精子を全部捨ててしまって、自分の精子だけ入れて、あとは首根っこを押さえて連れて回っている。メスが卵を産むときは、全部自分の精子で受精されますから、その三百の卵は全部このオスの遺伝子を持った、血のつながった子孫になります。ところが、放り出しておきますと、三百のうちのどれぐらいが本当に自分の子どもになるか分からない。それは嫌だ。全部自分の子どもにしたいということなのではないだろうか。サルの場合もライオンの場合も、自分の子どもではないわけです。だからそんな子どもは殺してしまって、自分の子どもを産ませるということをしている。そうすると、動物たちは、自分の血のつながった子孫をできるだけたくさん残したいと思っている、あるいはそう願っているのであって、種族のことなどは考えていないのだということになりました。

繁殖戦略——オスとメス

自分の子孫が増えていってほしいのだから、自分の子どもは大事に育てます。結果的に種族は維持されていきます。だから、種族維持というのは結果論であって、目的ではないということになりました。

これは物の見方としては大転換です。動物たちは自分の種族維持のために生きているのではなくて、自分の子孫ができるだけたくさん後代に残るように一生懸命努力しているのです。

そこまで来たときに、有名なチャールズ・ダーウィンの進化論とつながったわけです。ダーウィンは、皆さんもよくご存知の『種の起源』を書いて進化論を唱えたわけですが、あの中に書いていることは、「よりよく適応した個体はより多く子孫を残すであろう。そうすると、そのような特徴を持った個体が次第に増えてくるので、種はその方向に少しずつ変わっていくだろう。そしてある時期になると、前の種よりもよりよく適応した新しい種があらわれるであろう。このようにして進化が起こる。」こういうことを言ったのです。

これはわりと長ったらしいものの言い方をしています。それで、ハーバート・スペンサーという、多分気の短い人だと思うのですが、その人がそれを一言で言おうとして、「適者生存」という言葉をつくりました。この言葉は皆さんよくご存知の言葉です。しかし問題は、ダーウィンは、「適者は＝よりよく適応したものは、生存＝生き残る」とは言っていないことです。ダーウィンが言ったのは「適者は多産である＝たくさん子どもを残す」としか言っていない。「それだからこそ進化が起こる」のだと言ったわけです。

そこで、「よりよく適応した個体はより多く子孫を残すであろう」という言葉を裏返しに取りますと、「自分の血のつながった子孫をより多く残し得た個体は、それだけよりよく適応していた」ことになります。

そこで、どれだけたくさん自分の血のつながった子孫を残し得たかということをもって、その個体がどれくらいよく適応していたかの尺度と考えることができます。それで、ある個体が残した子孫の数をその個体の適応度ということになりました。適応度というと、すぐ誤解されてしまうのですが、例えば、暑いときにも平気で元気でいるとか、寒くても元気でいるとか、あるいは周りによく適応しているとか、そういうのではなくて、自分の子孫をどれぐらい残したかということをもって適応度とするのです。

そうすると、動物たちは、オスもメスも、それぞれが自分自身の適応度をできるだけ高めたいと願って一生懸命努力している、その結果が種族の維持につながるのだという話になりました。ここで適応度という新しい概念が生れたわけです。

そうなるとこれは、いろんな企業におけるシェア争いと同じことになります。例えば、これぐらいの草地があったとします。その草の生えぐあいから見ると、ウサギが二十匹は棲める。オスもメスも半分ずつぐらいいるのでしょうが、そのウサギたちが考えていることは、次の世代にここに棲むであろう二十匹のウサギのうち、何パーセントが自分の血のつながった子孫であり得るかという問題です。できるだけそのパーセンテージを高めたいと思っている。

その繁殖戦略は、オスとメスとで根本的に食い違っています。どんな動物でも同じことで、オスは自分で子どもを産みませんから、オスが自分の適応度を高めたいと思ったときは、その基本的な戦略は、できるだけたくさんのメスのところへ行って自分の子どもを産ませることです。これはすべての動物のオスが、昆虫も人間もそうですが、ちゃんとやっています。

オスは必ずメスに関心があって、メスがいたら何とか言って近づいて何とかしようとします。人間でもあまり変わりないですね。今はこうして皆さんはきちんと座っておられますが、仮にあとでパーティがあったとしますと、男の人は大体女の人のところへやってきて、ビールを注いだりなんかして、「私はどこから来ました」とか、どうでもいいような話をしますね。ほかの動物でも一緒です。みんなそういうことをしている。

メスの配偶者選び（フィーメイル・チョイス）

一方、メスはどうするか。メスは、オスがいないと子どもは産めませんから、自分の適応度は高まらない。しかし、メスが一度に産める子どもの数は決まっています。ネコは五匹ぐらいとか、イヌも五匹ですか、人間だと普通は一人と決まっています。自分が産む子どもの数は、自分がかかわったオスの数とは関係ない。

もう一つ、メスの方は、自分が産んだ子どもは絶対に自分の子どもです。自分の遺伝子を持っていることは確かです。ところが、オスの方は相当に哀れなところがありまして、たとえ自分の奥さんが産んだ子どもでも、その男の人の子どもであるとは限らない。大体みんなは信じていて、普通は大丈夫なのですが、しかし、本当のところ証明は何もない。血液型がなんて言っていますが、四種類しかありませんから、偶然でいくらでもそういうことはあり得ます。

そうなると、例えば、このごろは病院で赤ちゃんが生まれるのが一般的ですが、生まれたときに、旦那は出張で札幌かどこかに行っているとします。電話がかかってきて、「生まれましたよ」ということになって、急いで飛行機に乗って帰ってきて、病院に行って赤ちゃんに対面します。そうすると看護師さんがその赤ちゃんを抱いてきて、「お父さんですか、この赤ちゃんですよ、かわいいでしょう」と見せてから、付け加える言葉があります。「お父さん似ですね」と言うことになっている。似ていても似ていなくても構わない。そう言うことになっているのです。仮にそのときに看護師さんが非常に純真な人で、「何だかお父さんにあまり似ておられませんね」なんて言ったりしたら、大変なことになってしまいます。

ところが、母親の方にしてみたらどうということはないので、「あまりお母さん似じゃないですね」なんて言ったら、そのお母さんは平気で、「そうね、この子はパパ似なのね」ということで、何でもない話になる。それだけ違うわけです。

そこからいろんな問題が出てきます。例えば、現在ですと、男も育児にかかわるべきだということがいつも言われていますし、男女共同参画社会ということを盛んに言っています。一般的にオスは、自分のメスが産んだ子どもが本当に自分の子どもかどうか分からないものですから、そんなものに一生懸命コストをかけたり、労力をかけているのはまずいのです。本当は、ほかのメスのところに行ってまた自分の子どもを産ませるようにするのが正しい、正しいというのは変だけれども、戦略的には正しいやり方なのです。

しかし、メスの方は、自分の産んだ子どもは確かに自分の子どもです。そうすると、メスにはある義務が生じてしまいます。自分の子どもなのだから、これをちゃんと育て上げていかないと。そして孫を産んでもらわないと自分の適応度は高まらない。そこで、メスは育児をしなければならなくなってしまった。これは人間に至るまでみんな同じです。

そうなると、育児をするのは大変ですから、そのときにできるだけいい条件をつくってくれるようなオスを選びたい。オスはメスに集まってきますから、その中から選びたい。選ぶためには、たくさんオスが集まってくる方がいい。あまりポツン、ポツンとしか来ないと困るのです。たくさん集まってきて、これがいいなというのを選ばなければいけない。

そういうわけで、メスはオスを選ぶようになります。これが「フィーメイル・チョイス」といって、ほとんどすべての動物がしています。メスの周りにオスがたくさん集まってきて、メスはその中からいいオスを選ぶ。いいオスというのは、別に人気男優みたいなオスとかというのではなくて、要するに、基本的には丈夫なオスを選びたい。丈夫なオスを選んでおくと、その間にできた子どもは丈夫だから、その子どもはちゃんと育つだろうし、また孫もたくさんつくれるだろう。丈夫だったら、次の代のときにメスにもてるでしょうから、という具合に、自分の適応度が高まっていくわけですから、いいオスを、丈夫なオスを選ぼうとします。

誰がそんなことをさせるのか

その丈夫なオスをどうして選ぶかというと、いろいろあるのですが、例えばクジャクの場合ですと、メスはできるだけきれいなオスを選びます。輝くばかりに美しいオスというのは多分丈夫だからです。あまり体が丈夫でないオスはそんなにきれいになれない。ショボくれたようなオスは丈夫ではないから選ばない。そんなオスのところにメスは来ません。そういうオスはそれっきり子どもも産ませられずに死んでしまう。きれいなオスのところにはメスが次々に来ますので、どんどん自分の適応度が高まる。きれいなオスの子どもはきれいでしょうから、きれいな子どもが増えてくるので、ダーウィンが言ったみたいに、だんだんきれいなものが増えてきて、とうとうクジャクというあんなきれいな鳥ができてしまった。

ところが、オスの方は、一生懸命そうしてメスのそばに寄っていって口説いてみるのですが、メスはそう簡単になびかない。つまり、クジャクの場合には、メスがそばへ寄ってきますと、オスが羽を広げて見せるのです。これはみんな昔から知っています。昔は、ああしてメスを魅惑していたと思っていた。

ところが、だんだん観察していますと、メスはそんなに甘いものではないということが分かってきました。実際、オスが羽をぱーっと広げても、メスは冷たくジーッと見て、行ってしまう。次のオスのそばを通ったときに、またそのオスが一生懸命ぱーっと羽を広げても、また冷たくジーッと見て、行ってしまう。五、六羽見て回って、その中で一番きれいだったオスのところへ戻っていく。そういうことをしている。メスは非常に厳しく選んでいるのです。

例えば、この辺には田んぼがたくさんありますから、カエルもいるでしょう。今、カエルが盛んに鳴いていると思うのです。あれも実はフィーメイル・チョイスとかかわりのある話で、カエルのメスも丈夫なオスを探しています。カエルは、オタマジャクシが親になって、小さなカエルになります。それから四、五年は生きます。そうすると、若いカエルもいるし、年長のカエルもいるわけです。メスはその中から丈夫なオスを選びたい。丈夫なオスというのは年長のオスです。年長のオスは、その間にいろいろ危険な目に遭っているでしょうから、それをうまくすり抜けてきた。ですからカエルなりに頭もいいはずです。

そういうオスをメスは探しているわけです。どうして探すかというと、カエルの顔を見てもそれが分かるわけではないですから、声でやっています。オスのカエルたちは夜になったら鳴く。メスはあぜ道などで座って聞いているのです。一番しっかりした声で鳴いているオスを確かめて、あのオスは大丈夫だと思ったらそこへ行きます。

若いオスは、若くていいかもしれないけれども、まだ小さいですから、かん高い声でしか鳴けない。そういうオスたちは、全部が全部ではないけれども、これはまともに鳴いてもだめだということが分かってしまうカエルがいるのです。これは不思議なのですが、そういうオスは、鳴くのをやめて、しっかりしたオスを選ぶ。聞いていると分かりますから、あのオスのところには絶対にメスが来るぞというようなオスを選んで、そのオスが向こうを向いて鳴いていると、そのオスに気づかれないようにそーっと後ろからやって来て、その後ろに座り込んで、黙っている。鳴いてはいけないのです。鳴いたらばれてしまいますから。すると、本当にこの若いオスが思ったとおりにそのオスのところにメスが来ます。そしたら、まだこのオスが気がつかない前に、その若いオスがとび出して、メスの背中に跳び乗って取ってしまう。これを間男戦術というのですが、そういうことをして、まんまと自分の子どもを残してしまう。これはある種の盗みというか、騙《だま》しです。

昔は、自然はうそをつかないとか、人間は人を騙すが自然は騙さない、とか言っていましたけれども、それはうそです。うそと、騙しと、盗みと、殺し、そんなすごいことばかりやっているということがだんだん分かってきました。それもすべて自分の適応度を何とかして高めたいということなのです。

そうすると、問題は、誰がそういうことをさせるのだろう。今、われわれは適応度という概念も分かりましたし、遺伝子という概念も持っていますが、動物たちは遺伝子も知らないし、適応度も知らない。適応度を高めるために一生懸命やっているというようなことは自分では知らないですね。でも、みんなはそうしているのです。どうしてそういうことができるのかということになったときに、それは「遺伝子」がやらせているのではないかという話になりました。

皆さんはみんな遺伝子があるわけです。その遺伝子が少しずつ違うのでしょうけれども、基本的にいうと人間の遺伝子はほとんど一緒です。その遺伝子たちが、一つではなく集団として、とにかく自分たちが生き残って増えていきたいと願っていると仮定します。何万あるのか知りませんが、ぼくならぼくの中にある遺伝子は、とにかく全体としてぼくという人間をつくって、赤ん坊から大きくさせてきた。そして、病気になってもそんなに簡単に死なないようにうまくしてくれたから今まで生きているわけです。

利己的な遺伝子

そういう遺伝子が、とにかくまた増えていきたいと願っているとします。そうすると、生き残っていくためには、ぼくが病気で死んだりしなければいいのですが、増えるためにはぼくが子どもをつくらなければいけない。子どもをつくるためにはぼくが女の子に関心を持っていなければ駄目なんです。女の子が嫌いだなんて思ったら子どもは残せません。

そうすると、ぼくを操って、とにかく女の子を好きにさせる。そうさせられたものですから、高校生ぐらいから女の子のことが気になってしょうがない。声を掛けたりして、なけなしの金でお茶をおごってみたり、一生懸命何とかやるようにぼくを仕向けたとしか思えない。ある時には一生懸命手紙を書くとか。今みたいにメールなんてありませんから、手紙を書くしかない。夜遅くまで忙しいのにそんなことをやっていました。今から思うと随分操られたなと思うのですが、みんな大抵の人はそうして操られているはずです。一生懸命そうしてきているわけです。

メスの方も、メスの中に宿っている遺伝子も、自分が増えていきたいですから、このメスがオスにもてて、いいオスを選んでくれなければ困る。そうすると、メスは、人間でいったら、小学校のときはお転婆でしょうがないかもしれない。けれど、年ごろになってきたら、肌もきれいになって、女っぽくなってということにしていくのです。これは、自分でそう思ったからなるものでもないし、お母さんがそうさせているものでもない。自然にそうなるのです。女っぽくなっていって、男のほうがついそれに騙され、騙されたと言っては失礼かもしれないけれども、つい夢中になって、女のほうもつい夢中になって、男がうまく選べたら、結婚し子どもをつくる。これで遺伝子は万歳です。

しかし、一人では困るので、もう二、三人はつくってほしいなということになると、そこでまたお互いが好きになって、うまくセックスをしたら気持ちがいいようにつくっておくのですね。つい、してしまって、また子どもが出来ちゃったということになると、遺伝子は万々歳というようにしてきているのではないか。動物たちの場合は全部そうなっています。誰も命令するわけではないけれども、遺伝子のなすがままにしていると、結局子どもが残っていくように出来ている。

進化論というのはいい加減なところがあります。そうして残ったものが残ってきたのだ、よりよく子どもが残るように進化したのだという話になります。進化というのはそういうものだということで、進化には何の目的も目標もないということになっています。それは、遺伝子が、自分たちが生き残って増えていきたいので、一生懸命自分が宿っている個体を操っていろんなことをやらせているのであるということになります。

要するに、遺伝子というのは非常に利己的であるということです。とにかく全部遺伝子がいいようになっていく。例えば、進化医学という学問分野が今非常に注目されています。病気というものがありますね。病気は非常に不愉快なものです。熱が出たら嫌だし、頭が痛くなるし、非常に困ります。

病気ではなくても、例えば、女の人の場合はつわりがあって、これは非常にしんどいものでしょう。とにかくおなかに赤ん坊ができてしばらくすると、何を食べてもみんな戻してしまうという非常に具合の悪いことが起こります。これは考えてみると非常に不思議なんです。赤ん坊がおなかの中にいるときに食べた物をみんな戻してしまうと、栄養が足りなくなるではないか。それでいいのかなと思うのですが、昔からそれはあったみたいで、いまだにそういうものはあります。

このつわりが起きないようにするために、いろんな薬が開発されました。そういう薬を飲んでいるうちに、その薬が子どもの生殖系の発達をおかしくすることも分かってきたりした。とにかくつわりというわけの分からない非常にしんどいものがあるのです。

つわりが起こる時期は、皆さんはご存知のように、おなかの中にいる赤ん坊がまだ出来上がっていない非常に不安定なときです。そのときに、親が変なものを食べてしまって、その変なものの毒素か何かが、そのまますべて赤ん坊のところへ行ってしまったりすると、とんでもないことが起こる。子どもが死ぬかもしれないし、そういうことが起こったら困る。今はいろいろ薬もあるし、食べ物も随分清潔になっていますが、昔から人間はそういうところにいたわけではないので、何を食べてしまうか分からない。どういうバクテリアが入っているか分からない。どんな毒が入っているか分からない。そういう不安定な時期には、とにかく親が食べたものはみんな戻してしまう。子どものところに行かないようにする。そういうことをちゃんとしていた親の子どもは、それで生き残ってきた。それまでに親が食べた栄養で子どもは育っていく。親のほうはその間にかなり痩せますが、しかし、それぐらいに耐えられなかった者はだめだということできたのではないだろうかというのです。

そのときに、よく食べていたりすれば、その子どもは何かおかしなことが起きて、そういう遺伝子の集団は生き残らなかったのではないか。

確かにそうではないかと考えられていますが、問題は、女の人、本人にとってはものすごくしんどいのです。遺伝子が考えていることは、自分が宿っている本人がしんどいか、しんどくないかではなくて、遺伝子の集団が生き残れるかどうかということばかりなのです。そのために本人が多少しんどくてもいい、遺伝子が安全な方を取るということです。それがまさに、遺伝子が非常に利己的で、結局自分たちが得になるよう急がしているということです。

今まで話したこともみんなそういうことです。例えば、オスにしてみたら、自分は一生懸命になっても、メスが冷たくて選んでくれないなんて、オスにしてはかなわない話です。そうすると、騙すものも出てくる。そういうこともたくさんあるのですが、遺伝子は非常に利己的なものだし、動物たちは利己的な遺伝子に支配されているので、支配といっては変ですが、そういうことになるので、結果的には非常に利己的なのだということになります。

例えば、初めに言ったサルの場合でも、自分の適応度を高めるためには、前のオスが産ませた子どもは殺してしまう。これも新しいハーレムの主から見たら非常に利己的です。自分の適応度を高めるためには、せっかく前のオスが産ませた子どもを殺してしまうのだから、非常に利己的だということになります。

そうすると、人間がその話を聞くと反発を感じます。大体利己的ということはよくないことです。動物はみんな利己的だということになると、「いや、そんなことはない」と言う人もいますし、「いや、動物たちは利己的かもしれないけれども、人間はそんな利己的ではない」と言う人も出てきます。そこでいろいろ議論がありました。動物たちは非常に利己的だということですが、本当に利己的なのは遺伝子であって、遺伝子は、自分たちが得になるのであれば、いつでも利己的にさせているわけではないのです。

その一番いい例が、群れをつくる動物です。群れをつくっていると、一匹だけでいるよりはずっと安全なわけです。アフリカの草原で動物が一匹でいたら、ライオンにすぐ食われてしまう。

群れをつくっていれば、変な言い方ですが、群れの中の誰かは食われるかもしれないけれども、自分は食われないということもあるし、草を食っていても誰かが見張っています。ライオンが来たら、何か合図を出しますから、一斉に逃げられる。自分一人でいたら大変です。ちょっと食っては周りを見て、ちょっと食っては周りを見ていたら、ほとんど餌を食っている時間がなくなってしまう。群れになっていれば、誰かが見ていますから、ちょうどいいということになる。

そうすると、群れを作っているということは、ほかの仲間と一緒にいることですから、仲間と喧嘩をしていたのでは駄目で、ある程度折り合いをつけていかないといけない。そうすると、自分がやたらに利己的にするというわけにはいかない。あるときには相手を助けたりすることもあります。例えば、渡り鳥の季節になると、鳥たちが群れを作って飛んできます。大群を作って日本海を渡ってきます。あれは群れでいた方がいいのです。小鳥が一羽で飛んでいたら、いつタカにやられるか分からないでしょう。たくさんで行けば、タカもそんな群れに飛び込むのは怖いから飛び込まないので安全です。そのためにはみんなが仲良くしないといけない。利己的にはできないのだということになります。

遺伝子から見ると、その方が得なのです。だからそういうことをやらせている。遺伝子として得な時には、利己的ではなくて利他的にさせる。つまり、自分が宿っている個体が利他的になるようにさせます。

しかし、利他的にしたのでは遺伝子的に損だというときには、利己的にさせます。例えば、カモメなどは巣を近くに作りますから、すぐそばに隣の巣がある。これはもちろん血縁関係のないペアのです。少しヒナが大きくなってきますと、ヒナが動きますから、あるとき、親が餌を取りに行って留守の間にヒナが巣から出てしまって隣の巣に迷い込むことがある。そうすると、その隣の巣の親は、自分の子どもと同じぐらいの年ごろの、しかも同じ種類の子どもが自分の巣に迷い込んできた時に、声で自分の子どもではないことが分かりますから、途端に頭を突いて殺します。残酷なものです。

なぜそんなことをするかというと、親が持ってこられる餌の量は限りがあるわけです。そこへ、ほかの子どもまで、「いいよ、いいよ、おいで」なんてことをしていたら、自分の子どもに回る分が減り、自分の子どもの発育が遅れる。発育が遅れれば競争に負けます。それは遺伝子として損です。だからそういうことはさせない。

ところが、結果的には利己的になるのですが、それでもよく分からないことがありました。先ほど子殺しの話をしましたが、大人の動物たちは、喧嘩をしてもほとんど殺し合いにはならないのです。これは昔から言われていまして、大人たちが殺し合いをすることが非常に少ない。非常に珍しいのだと言われています。

ただし、人間は、昔から大人の殺し合いをしている。なぜなのだということはいつも議論されていたのですが、とにかく動物たちは大人同士の殺し合いはあまりしない。それはなぜなのだろうということです。

三十年ぐらい前には、大人同士が殺し合いをしていたら種族が滅びてしまうということだった。これはよく分かりますね。確かに殺し合いをしていたら種族が滅びてしまうので、そんなことをしてはならない。殺し合いをするような動物はみんな滅びてしまったと言えば、動物たちの大人同士がなぜ殺し合いをしないかということの説明は簡単についていたのです。

種族保存のゲーム理論

ところが、今までお話ししましたように、動物たちは、だれも種族のことなど考えていなくて、全部自分の血のつながった子孫のことばかり考えている。そうすると、大人同士が出会ったときに、縄張りをめぐって闘争するときに、相手を殺した方が得なわけです。殺さないでおくと、また取り返しに来られるかもしれないし、その方が得ですから、自分の子どものことだけを考えるのであったら、相手を殺した方が得なはず。なのですが、殺し合いはしないのです。

どうしてなのだということは難問でした。分からない。もちろん種族の維持で説明してはいけない。種族のためにならないというのではいけない。自分個人の得として考えたときにも、殺し合いをしては損だということを証明しなければいけない。これは非常にむずかしかったのですが、稲盛財団がやっている京都賞という国際賞を受賞されたイギリスのジョン・メイナード＝スミスという先生が「ゲームの理論」で説明しました。

ゲームの理論は、ゲームをやる時の理論ですが、昔はそういう科学的な研究は全部決定論でした。こういうときにこういうことをすると、こういう結果が出るということが、ピシッと決まっている。それが昔の自然科学の方式でした。

ところが実際には、動物たちがやっていることはそうでない。こういう時にこういうことをやっても、相手の出方によっては結果がまるで違うのです。ゲームをやっている場合はそうでしょう。例えば、マージャンをされる方は分かるでしょう。ここでバッといったときにはそこで勝つはずなのだけれども、そのときに相手が変なものを出すと、えらいことになってしまうわけです。トランプにしても、「これでどうだ」といったときに、相手がそれで負けてくれればいいが、違うことをパッとやってくれるとえらいことが起こります。将棋や碁の場合でも、

「王手」と出したのに、全然違う変なことを相手が打ってきて、大変なことになることがあります。

つまり、この手を打ったら必ず勝つというふうにはなっていない。相手の出方でものの結果が決まることが非常に多い。これがゲームの状況です。動物たちはみんなゲームの状況で生きている。人間もそうです。そのゲーム理論という数学をメイナード＝スミスが使ってみたのです。

まず、闘争をしますので、なるべく条件を簡単にするために、二つの闘い方を考えます。一つは、タカ派戦略です。タカ派的に、とにかく自分が勝つか、あるいは大怪我をして動けなくなるまで、とにかく徹底的に闘うというやり方です。

これと対照的に、もう一つは、ハト派戦略。これは危ないことはしない。とにかく相手が攻めてきたら、自分はすぐ引き下がる。自分の身を守る。相手がぼやっとしていたら攻めかかる。しかし、向こうが立ち直って来たら、すぐ引き下がる。場合によっては消耗戦みたいにして、結局、最後には勝とうというのもあります。それがハト派戦略です。この二つの戦略をとるものを考える。

そして、タカ派戦略者、ハト派戦略者がおのおの平均して何点取るかを計算してみる。平均の得点を見ますから、点数を与えておく必要があり、勝ったらプラス10点、負けたら0点、大怪我をしたらマイナス50点、時間の損失はマイナス3点、仮にこうしておきます。これはわりと任意でいいそうです。

これは何の意味を持っているかというと、勝てば縄張りが取れるので、メスも手に入るから、プラス10点分ぐらい自分の適応度が高まる。しかし、負けてしまうと、縄張りは取れませんから、メスは来てくれない。子どもは残りませんから、自分の適応度の増大はゼロ。大怪我をすると、今後何年かにわたって駄目ですから、ずうっと損ばかりし続けるので、マイナス50点というペナルティになる。時間のロスというのはあとで説明します。そうしておいて、ここでおのおのがどれぐらい点を取るかを考えます。

計算します。計算は非常に簡単です。タカ派戦略者を、タカ派のことは英語でホークと言いますから、Hとします。ハト派の方はダブですからDとします。点数としてE‐HHと書く。一匹のタカ派戦略者がもう一匹のタカ派戦略者にぶつかったときに平均何点取るかということです。これは、簡単にするために、二匹の体の大きさとか、強さとかを全部同格とします。全く互角ですから、勝ち負けの確率は二分の一になります。そうすると、二分の一の確率でプラス10点を取るので10点の二分の一で5点。しかし、残りの二分の一は負けます。負けるときに、これはタカ派戦略者ですから、大怪我をするまで「負けた」とは言わない。「負けた」と言うときには必ず大怪我をしている。ということはマイナス50点を背負い込むということです。負ける確率は二分の一だから、マイナス50の半分でマイナス25点。結局、合計するとマイナス20点になります。

今度は、タカ派戦略者がハト派戦略者とぶつかったときはどうなるか。ハトの方は攻めてこられたらすぐ逃げますから、タカは絶対勝ちます。つまり、必ずプラス10点を取ることになります。

この二つしかケースはありませんので、両方を合算すると、タカ派戦略者は平均してマイナス10点の平均得点になります。

ハト派戦略者はどうか。一匹のハト派戦略者がもう一匹のハト派戦略者に出会ったときに、これも同格としますから、勝ち負けは二分の一。二分の一の確率で勝ってプラス10点を取るでしょう。だから10点の二分の一で5点。しかし残りの二分の一は負けるでしょう。だけどハト派戦略者ですから、大怪我をするまでやらない。負けたときは、ただ負けただけですから、0点を取るだけです。

合計すると5点と言うわけですが、どちらもハトですから、こちらがわーっと行くと向こうが下がります。向こうが体勢を立て直して攻めてくると、こちらが下がります。次にこっちが行くと、向こうが下がります。決着がつかない。非常に時間がかかる。そこでその時間のロスのペナルティ、マイナス3点が入ってしまう。それで結局のところプラス2点になります。

今度は、ハト派戦略者が運悪くタカ派戦略者にぶつかったらどうか。必ず負けます。負けるけれども、ハト派戦略者ですので大怪我はしません。だから0点を取るだけです。これと前の2点を合算すると、ハト派戦略者の平均得点はプラス2点になる。

こうして見ると、タカ派戦略者の方はマイナス10点なのに、ハトはプラス2点。わずかですが、こちらはプラスですから、少しずつ子孫を残していきます。タカの方はそうはいかない、ということになると、ハト派戦略が得だということになります。

そこで、みんなはハト派戦略をとる。ハト派戦略は危ない戦いはしないから、結局殺し合いにはならない。それは道徳的な話ではなくて、殺し合いをすると、こちらが勝てばいいけれども、自分がやられたら損だからやめておくというだけのこと。向こうも同じことを考えていますから、向こうもハト派戦略をとる。結局殺し合いにはならない。だから大人同士の闘いは殺し合いに至ることはないのだということになります。

もともとは、とにかく自分は損をしたくない。非常に利己的なのです。つまり、お互いが徹底して利己的になると、結果は非常に道徳的になるということです。ある種の逆説みたいなものです。人間は、お互いに利己的になると、すごく悪い結果になると思うけれども、そうではないのだということです。

ハトがいいのだということになったのですが、これはこれで済む問題ではないのです。ある島でみんながハトでやっているとします。殺し合いもなくうまくいっていた。そこへ大陸からタカ派戦略者が一匹飛び込んできたとします。タカ派戦略者はハトに必ず勝ちますから、みんなに勝ってしまうわけです。戦略は遺伝すると考えますと、子孫には次々にタカ派戦略者が増えていくわけです。

そうすると、タカが、こいつもハトだろうと思ってやったら、相手もタカだったということになって、そこで殺し合いが起こる。結局損になってきます。そうするとハトの方が得になる。ハトの方が数を増やしていく。ある程度までハトが増えますと、タカの方が得になる。するとまたタカが増える。絶えずタカになったり、ハトになったりして非常に不安定なことになるのですが、現実の動物たちの採っている戦略はそういうふうになっていません。

進化的に安定な戦略ＥＳＳ

おそらくは、きっと安定した戦略というものがあるはずだとメイナード＝スミスは考えたわけです。その戦略を進化的に安定な戦略、英語で「ＥＳＳ」と彼は名づけました。このＥＳＳという概念が出てきたのは大変に面白いところです。闘いの場合のＥＳＳの一つは、単純なタカ派戦略でもなく、単純なハト派戦略でもなく、メイナード＝スミスが、なぜだか知りませんけれども、「ブルジョア戦略」と呼んでいる戦略です。ブルジョア戦略というのは、もし自分が縄張りとかメスのオーナーだったらタカでいけ。自分が侵入者であったらハトでいけ。こういう複合戦略です。条件付き戦略。先に述べたのは、どんな場合でもタカでいけ、どんな場合でもハトでいけという単純戦略ですが、ＥＳＳはそういう条件付き戦略です。それでやるとうまくいくのだそうです。

このことは、わりと最近にメイナード＝スミスが数学的に証明したのですが、実際のことはもっと前から分かっていました。昔、ティンバーゲンという人が、トゲウオという魚で実験していたのです。水槽を置いて、中に水を張っておいて、水草が生えていますが、ここにトゲウオという魚のオスを二匹入れます。一つの水槽の中に二匹入っていますから、初めは喧嘩をします。だんだんやっているうちに、水槽の真ん中辺あたりで、生えている草か何かを目印にして、ここで縄張りを分けます。仮に一方をAの魚、もう一方の縄張りをBの魚とします。そうしておくと、お互いにこの縄張りの境界までは来て、これを越えて攻め込むことはしない。だから一応安定しています。

そういう状態のときに、この魚を捕まえて、試験管の中に入れてやります。もちろん水を入れておく。これはAの魚です。今度はBの魚を捕まえて試験管の中に入れます。これはBの魚です。この二本の試験管をこの水槽のAの縄張りの中につけますと、Aの魚は、試験管の壁越しに、隣の魚を攻撃しようとする。Bの魚は、試験管の壁があるから、実際にやられることはないのに、隣でいきり立った魚を見て逃げようとするのです。ティンバーゲンは、初めはBの魚は臆病な魚だと思った。ところが、今度はその二本をBの縄張りに入れますと、今度はBの方がいきり立って、Aは一生懸命逃げようとする。これはまさに、自分が縄張りの持ち主であるときは徹底的に攻撃する。しかし、Bの方はそのときは侵入者になってしまう。そのときは逃げる。これは「ブルジョア戦略」です。そういうことを動物たちがしているということです。

そうすると、動物たちが何をやっているかという話も非常に複雑怪奇で、一概に、こうしているときにはこうなる。このときにはこうなるとか、そういうものではない。相手の出方によって違うし、自分の状態がどういう条件かによって違う。非常に複雑なことをしているのだということになります。

男と女はなぜいるか

もう一つ、自然の中でよく分からないことは、自然界には、今はほとんどオスとメスがあります。動物にオスとメスがいるのはもちろんですが、植物もオバナ、メバナがある。一つの花になっていたとしても、オシベ、メシベがある。性というか、オスとメスということはどこまでも付きまとっています。このオスとメスがいるのはなぜなのだということです。

遺伝子は自分たちが生き残って増えていきたいと思っています。遺伝子の集団として増えていくためには、今流行のクローンみたいに、一つの個体が二つに割れる。アメーバみたいに割れて、同じものが二つできれば、遺伝子の今ある一つの集団がもう一集団できます。コピーが二つできます。これがまた次に孫ができるときには四つになります。みんな同じものです。コピーの数はどんどん増えていく。

ところが、オスとメスをつくってしまうと、オスとメスが子どもをつくったときに、子どもにはオスとメスから来た遺伝子がおのおの半分しか入りません。父親の遺伝子の半分が子どもに入っているが、半分は入っていない。母親の方のも半分しか入っていない。もしも全部を残したかったら、少なくとも子どもを二人つくらなければいけないことになります。孫ができるときは四分の一になってしまう。遺伝子としては損ではないか。遺伝子としてみたら、同じものをつくったらいいのではないか。性というものがなくて、オス、メスなどというものがなくて、全く無性生殖的にいったらいいではないかと思うのですが、どういうわけか、自然界はオスとメスにこだわっています。

なぜか。人間の場合も男と女がいるわけです。男と女がいることによって、いろいろいいこともありますが、ややこしいこともたくさん起こっている。面倒くさいこともあるわけです。そういうことをなぜしているのだろうかということです。これもまた、いろんな人に問いかけをしますと面白いですね。文学部の先生に「男と女はなぜいるのでしょうか」と聞くと、「それは愛し合うためです」なんて言います。そういう答えは非常に多い。あるいは「その方が楽しいではありませんか」と言うこともあります。

そういうことはいろいろあるのですが、ビル・ハミルトンというイギリスの動物行動学者が、この問題を数学的に考えました。答えは、病気に対する抵抗力をつけるためだという結論です。

例えば、マラリアに抵抗力のある遺伝子は持っていないとします。昔から自然界ではそうですが、医者とか薬はありませんから、抵抗力をつけておく他はない。抵抗力がつくかどうかは、遺伝的にその病気に抵抗力のある突然変異を持っているかどうかということです。もしぼくが持っていないとすると、ぼくはマラリアには抵抗力はない。もしもクローンみたいに、ぼくの体が半分に割れて同じものができたら、自分もそうだし、子どもも同じようにマラリアには抵抗力はない。これがまた次に同じようにして増えたら、孫の代になっても抵抗力はない。そこへもしマラリアが流行ってきたら、全部、一網打尽に死んでしまうわけです。

それを避けるには、有性生殖をしなくてはいけない。つまり、オスとメスとがあって、子どもができるときは、オスとメスの間で受精という現象が起こらなければいけない。受精というのはオスとメスの遺伝子を混ぜ合わせることですから、そうしなければ子どもができないというふうにしておけば、子どもができるときは必ず両親の遺伝子は混ざっている。どう混ざるかは分かりませんが、とにかく混ざっている。

すると、ぼくならぼくがマラリアに対する抵抗力の遺伝子は持っていないけれども、相手のメスの方が持っていたとしますと、その間で受精が起こると、子どもはもしかすると、メスの方から来たマラリアに抵抗性のある遺伝子を取り込むかもしれない。ぼくは遺伝子を持っていないからマラリアの対抗力はないけれども、子どもは抵抗力を持つというふうになっていくのではないか。

さらに、その子どもが孫をつくるときに、ほかのオスかメスとの間で遺伝子を混合しなくてはいけない。そのときに、例えばコレラに対する抵抗力のある遺伝子を取り込むことが出来るかもしれない。そうすると、マラリアにもコレラにも抵抗力のある孫ができてくるわけです。

こうして次々に進んでいくと、いろんな意味で丈夫なのが出来てくる。親はやられても子どもはやられない。子どもはやられても孫はやられないということになると、その遺伝子はよく残っていくわけです。そのほうが遺伝子にとっては得だった。数だけ増やせばいいというのでみんな同じにしておいたら、いざ、その病気が流行ったら一網打尽に全滅します。それは損だということになります。

人間と自然

そこで、遺伝子を混ぜ合わせることがどうしても必要であるということにして、そのためにはオスとメスがいて受精ということが起こらなければいけないとしたので、それで性のある世界が出来上がっているというのがビル・ハミルトンの説です。

ビル・ハミルトンは、この説を「赤の女王説」という面白い名前で呼んでいます。なぜ赤の女王説になったかというと、皆さんよくご存知の、ルイス・キャロルは『不思議の国のアリス』と並んでもう一つ『鏡の国のアリス』という本を書いています。赤の女王は『鏡の国のアリス』に出てくる話です。鏡の国に入ったアリスが、どこかへ行こうと思って、とにかく一生懸命走っている。ところがいくら走っても全然位置が動かない。一体どうなっているのだろうと思っていたら、そこへチェスの赤の女王が出てきて、説明してくれるのです。この国では、一箇所にとどまっていたいと思ったら、力の限り走り続けなくてはいけないのだよと。ある動物なり、ある植物が、地球上にずうっと生き残っていきたいと思ったら、力の限り走り続けていなければいけないのだよという意味です。それでこの赤の女王説という名前を付けました。

そういうことがあるものですから、自然界には性というものがあるのだということになるようです。

クローンが出来てきて、盛んに宣伝されています。これに対しては、倫理的によくないとか、そういう話はいろいろあるのですが、倫理的にどうという問題より前に、自然はクローンは駄目だよということは昔から分かっていたと思うのです。何億年も前から。クローンではみんなどこかで一網打尽にやられてしまう。できるだけクローンにならないようにして、子どもができるときは遺伝子が混ざっているというようにしないと駄目なのだと、自然は何億年も前から分かっていたのではないかという気がします。そのために、クローンが簡単にできたりしないようにしていたのではないか。だから、人間がクローンを作ろうと思ったら難しかったのです。

そこで人間は、ある意味ではあほですから、一生懸命、これは出来ないからしてやろうと思う人がいたわけです。それで一生懸命努力してつくって、さあ、出来たというので、喜んで、みんなも素晴らしいと言っているのですけれども、もし自然が口をきけたら、見ていて、「人間はあほだな、自然はずうっと前からクローンでは駄目だということは分かっていたよ」と言ったかもしれない。そういうものかなという気もしています。

そうすると、そういうことを全部ひっくるめた自然というのは、非常に大変なものである。そういうことを知っていないと、自然とどうつきあっていけるかがよく分からなくなるのです。簡単に、自然にやさしく、とかという次元の問題ではない。自然というのは非常にごちゃごちゃしたものであって、そのごちゃごちゃしたものをきちっとしてやりましょうといっても駄目なのです。そのごちゃごちゃした中で、動物たちがいろいろなことをしている。場合によっては騙《だま》したり何かしている、それはある意味では仕方がないことなのだと思うほかない。

動物の世界では、オスとメスはしばしば不倫をしています。不倫はオスがやるだけではなく、メスがそれにオーケーするから不倫が成り立つわけですから、オスもメスも不倫をしているわけです。鳥などの場合で、このごろよく分かってきたのが、売春をする鳥が結構いるのです。鳥が隣の縄張りへ入っていって、オスに体を許します。するとオスはしばらく黙っているものですから、メスはその間に餌をいっぱい取って帰ってくる。これはある種の売春ですね。そういうこともしている。もちろんさっきみたいに盗みとか騙しということはいくらでもします。

そういうのを見ていると、動物たちは人間のしていることはみんなしているという気にもなるし、動物たちのしていることは人間もしているということにもなる。ということになると、その辺をよく考えないと、自然とどうつきあったらいいかということも簡単には分からない。あまりきれいごととか、倫理的な話で、自然を慈しみましょうとか、自然の英知とか、自然の調和とか、そういう概念で自然とつきあうことは多分できないだろうと思っています。

ちょっと時間が超過しましたが、大体お話したかったことはこれでいいと思います。

あと、質問をして頂くことにして、話は一応これで終わらせて頂きます。（拍手）

質疑応答

○質問　日本人がアフリカへ行って、アフリカの人たちに井戸の掘り方を教えてやる。そうするとアフリカの人たちが幸せになるのだと皆さんは考えているようですが、それは駄目なんだという話もあります。この話をどういうふうにお考えになりますか。

そういうことが非常に多いと思います。例えば、同じようなことですが、モンゴルは半砂漠みたいなところで、家畜を飼うことしかできない。農業もできない。とにかく木を植えなければいけないというので、モンゴルに木をたくさん植えて、緑化して林にしようと考えておられる方がいる。これは善意としては善意ですが、あそこは水があまりないから半砂漠みたいになっているわけです。地下水は下の方にある。その量はよく分かりません。そこへ無理して木を植えて、木が下の方から水を吸い上げて葉っぱから蒸散してしまったら、なけなしの地下水をみんな外へ放り出すことになる。そしたら本当に砂漠になってしまうではないかという気もします。ですから、それはよく考えたり、調べたりしないといけないのではないかという気がするので、今のお話も、結果的にとんでもないところに話がつながることがあります。

もう一つ、インドかどこかで、深いところに砒素《ひそ》があって、砒素は毒物ですが、ふだんは表面の水を使っていたから問題はなかった。ところが、日本人がうんと深く掘れる機械を持って行って皆さんに渡したわけです。そしたら深いところの水も出るようになった。みんな十分な水を手に入れられて喜んだのですが、その深いところの水には砒素が入っていて、何万人ではきかない人が砒素中毒になってしまった。その人々にとって非常にいいことだと思ってしたことが、そういうことになってしまったわけです。そういう例はいくらでもある。そんなこと初めは分かりませんので、何かをする前にちゃんと調べてみないといけないと思います。

○質問　質問というのではなくて、先生のお考えを聞きたいのですが、メイナード＝スミスと、ティンバーゲンの研究のお話をされ、ブルジョア戦略というお話をされましたが、私は、昔の日本のことは知らないのですが、今、日本は、外国と交渉するのに、よく腰抜け外交とか、はっきりしたことが言えないとか、お金を出してばかりだとか言われています。日本が外国と交渉するに当たって腰抜けなのは、今お話を伺っていてハト派戦略なのかなと思ったのです。自分の思ったことをはっきり言わなくて、勝負するときも、大勝ちはしないけれども、時間ばかり無駄に使って、ときどきお金を出して、損だと言われて、そういうはっきり主張できない日本人の性格は、実は生き残っていく上ではすごくいいことなのではないかと、今、ブルジョア戦略とかトゲウオの研究のお話を聞いていて、当てはめてもいいのではないかと思ったのですが、先生はどうお考えでしょうか。

全部に当てはまるかどうか分かりませんが、そういう面は非常に大きいと思います。9・11

同時多発テロ以後のアメリカはタカ派戦略だとしか思えません。徹底的にああいうふうに出るでしょう。あれですごく損をしています。そういう意味でタカ派戦略がいいということはない。ハトも、単純ハト戦略がいいわけではない。その辺が問題で、今はハトの方が一般的にはいいわけですが、何かの場合には、タカがガーッと出てこられると負けてしまう。そのときにどうするかということは考えておかないといけないと思います。

もう一つは、それとよく似た話で、よく例に出てくるのは、日本は多神教で、キリスト教とかイスラム教は一神教である。一神教だときつくなるが、多神教の方がよいのだということが言われます。

それから、西欧的な考え方は非常にどぎつくなっているが、東洋的にはどうだと、このごろよくそういうことを言われます。ぼくはあまり簡単に乗れません。多神教の方が良いということは必ずしもないと思うし、多神教とか一神教になったのは、今からせいぜい二千年ぐらい前の話ではないだろうか。大昔に人間は何を考えていたかよく分からない。多神教とか一神教という問題ではないと思うし、西欧の方がどうで、東洋はどうだということもないだろうと思います。

今あなたの質問に絡めてそういうことをぼくは思っているということです。その辺ももう少しよく考えないと、東洋的に考えた方が良いとか、そういうふうにすぐ言うのですが、必ずしもそうではないだろう。

ただし、もう一つは、戦争が終わったあとに、ぼくらはアメリカから随分悪口を言われました。日本人はすぐ神仏に手を合わせる。これは宗教ではない。日本人には本当の宗教が分かっていないと言って、大分叱られたというか、ばかにされました。だけど、少なくともそれは、多神教だか何だかよく分からないけれども、その方が争いは少ないようです。一つしか信用しないということになると絶対争いは起こるけれども、神仏に手を合わせている間は、少なくとも神仏の間では喧嘩は起きないわけですから、その方がいいという気もする。その辺のことがあるので、もう少しよく検討した方がいいし、質問にあった、ハトの方がよいということも、確かにそういうところはあると思うのですが、いつもいつもいいかどうかはちょっと分からない。その辺のことはもう少し考えてみる必要があると思っています。

○質問　ちょっと聞きたいのですが、日本人の問題解決能力、問題を先送りする構造的な性格は、今いろんなことでぼくは思うのです。戦争をしたときも、負けるということが分かっている人がたくさんいても、問題解決せず破綻するまでずっと進んでいった。今の日本の経済を見ていても、問題が分かっていても、破綻してずっといっている。この人間の構造、日本人の問題解決の構造が、農業的な封建制のシステムで、そういう思考があるということから来ているのか。損すると修正がきくけれども、期間が時間的に長いと、修正がなかなか、とことんまでいってからしかきかない。その辺のことはどういうふうに考えたらいいのか、ちょっと教えてもらいたいのです。

それはぼくもよく分かりません。日本人が全般的にだめなのかどうか、ちょっと分かりませんが、例えば、戦国時代あたりは、かなり短い時間でパッと反応しているのではないかと思うのです。ぼくらが今、少なくとも読んだり何かする限りにおいて非常にうまくしています。ああいうことは昔の人はできました。

それが、その後になって、徳川の時代でもかなりよく考えてしていたみたいですけれども、世の中がある程度安定してきて、とにかく食っていけるようになると、反応が遅くても大丈夫だとなって、のろくなってくるということは一つあると思うのです。徳川時代になると、何となく反応が鈍くて、例えば、犬公方なんて、生類憐みの令ですか、普通の人間だったらものすごく迷惑なことが延々と続いたわけです。あんなものは、誰かが「だめだ」と言えなかったのかなと、今から考えると思いますが、そういうことになってしまったのは、わりと近代になってからなのかなという気もしないではない。

現在、これほど反応が遅いのは一体何なのでしょうか。これはぼくはよく分かりません。実際、大学などにずっといますと、そういうことに対する反応が遅いです。自分で言うのはなんですが、大学の先生というのは本当にどうしようもない人たちが多いのだなということは感じるのです。どうしてそういう人が先生になってしまったのだろうかということも思います。あまりよく分からないです。

○質問　最近よく見られる、きれいな水に棲むホタルについてお伺いしたいと思います。二、三日前のテレビで、関西のほう、例えば滋賀県の守山のゲンジボタルとか、そういう関西に棲むホタルと、関東に棲むホタルの発光の強弱が違う。しかも発光している時間に長短があるということですが、ホタルの発光について、関東と関西とはこういう違いが生じてあたりまえなのでしょうか。

あたりまえと言うか、今までの研究から見ますと、明らかに違います。それはいろいろなことがあるのでしょうけれども、つまり、昔から関東のホタルと関西のホタルが交じり合うことはなかったのでしょうから、どこかで違うものがひしめき合っている。違ってくることは当然起こり得ると思うのです。ですから、それは不思議な話ではない。ただ、本当にそうなっているときに、何をしてはいけないかというと、関東のホタルを持ってきて、こちらへ少し入れてやる、増やしてやろうということをやりますと、関東でも関西でもない変なホタルが出てきてしまう。これは非常に困ったことが起こります。そういうことはしてはいけません。

○質問　温度によっても変わるということも言っていましたが。

変わります。キリギリスとかコオロギの場合でも、温度が高いときと低いときで鳴き方が違います。そのときは、あれはメスが聞いているのですが、聞いているメスのほうの聞き方も変わります。だからちょうどそれでいいのです。温度が上がると鳴き方も速くなる。聞くほうも速くなるので、ちょうどいい。寒くなってくるとゆっくりになって、聞くほうもゆっくりになるから、これでいいのです。そういうことは非常にうまくできていると思います。

○質問　先生が生き物にすごく興味を持って観察されたり、研究されている様子を伺ったのですが、先生が生き物に対して興味を深められたきっかけというのですか、あるいは幼少時代の思い出とか、そういう研究に入られたきっかけみたいなものを教えていただけたらありがたいと思います。

いつも原点は何だ、と聞かれるのですが、よく分からないのです。簡単に言いまして、子どものころ、小学校のとき、戦争中ですから、ぼくが行っていた学校はすごいスパルタ教育の軍国主義の学校で、校長とか体操の先生にいつも怒られたり、ばかにされたり、死んじまえと言われていた。体が弱いから、いい兵隊にならないから死んじまえとか、どこから聞いてきたのか分かりませんが、天皇陛下はおまえなんか要らんと言っていると。これは絶対うそだと思うのですが、そんなことをいつも言われていたのです。それで人間不信に陥って、学校をさぼって、近くの原っぱへ行って虫を見ていた。それが始まりです。虫は信用できると思ったのかもしれないけれども、人間よりはいいと思った。

そのときに非常に大事だと思うのは、ぼくは昆虫少年で標本集めの少年にはならなかった。虫を見ていて、虫が一生懸命ノコノコ歩いている。そのときに、ぼくは子どもだったけれども、変な発想を持っていたのです。つまり、一生懸命歩いておまえはどこへ行くつもりなの?という問いかけをしたかった。そのつもりでずっと見ていくと、どこかへ行って何かを食べる。あ、おまえはこれが食いたかったのかということです。その次に、ほかの虫を見たときに、こいつもきっと何か食いに行くのだろうと思っていると、なかなか食わない。違うのかな?とか、そんなことが非常におもしろくて、生きている虫を一生懸命見るようになったのだと思います。ですから、申し訳ないけれども、何か劇的な話は何もないのです。

○質問　先程有性生殖が非常に病気とかに対して有利であるというお話だったのですけれども。バクテリアとか、今でも大量に、ものすごくたくさん地球上に存在していますね。有性生殖というのが病気にそんなに有利だったら無性生殖をやめて有性に切り替えた方がよかったのではないか。バクテリアとか、無性生殖をとっている生物は、有性生殖に切り替わった方がよかったのではないかと思うのですが。

バクテリアの場合は、その説明があまりついていないみたいですが、バクテリア自身がどんどん変異してしまうでしょう。それで何とかしているのではないかと思うのです。

○質問　一応、病気の脅威はバクテリアにももちろんあるのですね。

バクテリアの場合に、バクテリアにつくバクテリアがあるのかどうか知らないけれども、バクテリアにはウイルスがつきます。バクテリオファージ、つまりファージですね。そのときに、ファージがつかないような突然変異ができてくると、そちらが生き残ってくる。同じ大腸菌でも、あるファージにやられないものが出てくるのではないかと思うのです、次々に。だからあれは有性生殖でなくてもいけるのかなと思います。そしてどんどん増えますから。突然変異の確率は一万分の一ということになると、あんなにどんどん増えれば、一万分の一でもどんどん出てきますね。人間みたいに、二十何歳にならないと子どもを産まないとすると、これで一万分の一ではどうにもならない。ゾウなんかも。そういうものは多分何か遺伝子を混ぜ合わせるという方法しかなかったのではないかとぼくは思っているのです。

○質問　今、少子化が随分盛んに叫ばれていまして、行政の方でいろいろ施策を打っても、どうにもならないだろうと思っていたら、どんどん減る一方である。このままだと何十年か経ったら日本の人口は一億も切ってしまうだろうと言われていますが、遺伝子的に見て、これがどういうものであるのか。先生の独断的なご予想で結構なのですが、日本の人口はこのあとどのような変化を遂げていくだろうかを教えていただければと思います。

それはよく分からないのですが、よく言われるのは、ぼくの話とあわせていただければ分かるとおり、遺伝子は自分が増えていきたいと願っているのに、子どもを産みたくないという人が出てくるのはどうしてかということになると思うのです。そのときに、人間というのはどうもその辺が変なことを考えている動物なのではないか。そのときにぼくは美学ということを言っています。

美学があって、そこに、例えばカッコよく生きたいとか、生きがいが見つからないとか、前途が開けないとか、そういういろんな変なものがある。あるいは女は好きだけれども、この女は愛せないとか、愛とか、いろんな言葉を使っている。神に関してはますますそうですね。例えば、自爆テロみたいな話があると、ぼくはあれはよく分からないのですが、大体あの自爆テロをやっている人は若い人です。これから子どもを産んでいくはずの人が、神か何かのためには自分が死んでしまってもよいと思うのは、本当はそういうことはあり得ない話です。遺伝子はそんなことを考えていないはずですから。そうするとこれは何なんだろうか。人間というのは非常に妙なことを考えているのではないかという気がしてしょうがないのです。

その美学というのがぼくにはよく分からない。そこが人間の変なところかもしれないけれども、例えば、男と女がいて、好きだというだけだといけない、愛してないといけないですね。愛がないといけないとか、愛もなしにどうしたとか、そういうことを言うのですが、イヌやネコはそんなことは絶対に言わない。丈夫そうで、選んだら、それでオーケーで、愛していようが愛していまいが、そんなことはどうでもいい。人間の場合は愛なんていう言葉をつくってしまった。そういう言葉があるものですから、人間の場合は非常にものを複雑にしている。

少子化というのも、どうもそれと関係があるのではないか。そのときに、人間らしく生きようとか、そういうことがそこにまた絡まってきます。美しく生きようとか、いわゆるカッコつきの美学に当たるようなことがあって、これは人間以外の動物にはないのではないか。それがみんな絡まってきているとぼくは思っているので、今その美学というのは何なのか、いろいろ考えています。今どうなのか、はっきり答えは言えない状態です。美学というのは何だかよく分からない。一体何なんでしょうね、よく分かりません。

イヌが聞く音について

ゾウの喜びの声が人間には恐怖に聞こえる

ウォーッ、ドドドド、ウォーッ、ドドドド……というすさまじい音で、ぼくは目をさました。一九八三年夏のことである。

そのときぼくは、八番娼館で有名になった、マレーシア・サバ州（北ボルネオ）サンダカン郊外のセピロクにいた。セピロクにはサバ森林研究センターや、オランウータン・リハビリテーション・センターがあるが、ぼくは森林研究センターでしごとをしながら、オランウータン・センターの中にあるゲーム・リサーチ・センター、つまりゲーム・センターではなくて、野生動物研究センター（なんでこうセンターばかり多いのだろう）の宿舎に寝泊まりしていたのである。

ここにはサムと呼ばれるインドゾウの孤児がいた。その夜、何時ごろだったかは知らないが、サムをつなぎとめていた太い綱が切れたかはずれたかして、サムは自由になった。そこでサムは大喜び。楽しげにウォーッ、ウォーッとわめきながら、そこらを走りまわったという次第だ。彼はどこか自由の地を求めて出ていこうとしたのではない。人間になつき、もはや人間なしでは生きられないサムは、囲いのドアもあけ放しになっているのに、外へ出ていこうとはしなかった。いつもの囲いの中を、嬉しそうに走りまわっていただけのことであった。ウォーッ、ウォーッというすさまじい声は、彼の嬉しさの表現であって、けっしてそれ以上のものではなかった。

けれど、ねぼけ眼《まなこ》にそれを聞いたぼくには、それは恐怖に満ちた音であった。ゾウの声だということはすぐわかった。だからぼくには、頼りない囲いの構造と、頼りないこの宿舎の造りが、ぱっと頭に浮かんだ。それらを押し倒してゾウがここへなだれこんでくる！　それは想像するにも恐ろしい光景だった。

けれど、こわごわ窓からのぞいてみると、ようやく白みはじめた熱帯のおそい朝の光の中に、目を見ればすぐにわかる、喜色満面でころげまわっている子ゾウの姿と、バナナの房をもってサムを呼んでいるレンジャーの姿が目に入った。

ゾウの喜んでいる声が、人間には恐怖に満ちて聞こえる。当然、その反対のこともあろう。いったい、動物たち、ぼくのいいかたでいうと人間以外の動物たちは、どんなふうに音を聞いているのだろう？　人間の作った音楽なる音は、彼らにはどう聞こえているのだろう？

じつはこれは、たずねるにはたいへん易しく、答えるにはたいへん難しい問題なのだ。

モルモットは感じる音を聞くと、じっとしている

動物がどんなふうに音を聞いているかを知るには、二つの方法がある。

一つはきわめてソフィスティケートされた方法で、耳の中の聴覚器官の感覚細胞や、聴神経に、細い細い電極を刺しこみ、いろいろな高さや強さの音を聞かせて、神経細胞の反応をしらべるというものである。

敏感に感じる高さの音に対しては、ごく弱い音でも反応し、聞こえない高さの音には、その音をいくら強くして聞かせても反応しないから、横軸に音の高さ（周波数）、縦軸に聞こえる最低限度の大きさをプロットしてゆくと、U字形のグラフができる。このグラフから、この動物には、どの程度からどの程度までの高さの音が聞こえているかがわかるというわけだ。

ただし、この方法では、今いったことがわかるだけである。つまり、われわれ人間についていうなら、この周波数の音はよく聞こえるということがわかるだけで、その音を快いと思っているか、色っぽいと思っているかとかは、ぜんぜんわからないのだ。

それを知るには、第二の方法が必要だ。これはもっとずっと原始的（?）な方法で、今の高度なバイオテクノロジー時代にはそぐわないけれど、それにもかかわらず、いやそれゆえに、ぼくの好きなやりかただ。つまり、音を聞かせて、動物の反応を見るのである。たとえば男の

声やことばを女がどんなふうに聞いているかを知ろうというとき、女の聴神経に電極をさしてみても、何もわからない。その女がじっさいに男に対してどんな表情をするか、を見なければだめだ。

これは第一の方法よりずっとたしかであり、説得力があるのだが、それでも落とし穴はある。たしかモルモットだったと思うけれど、どんな音を聞かせても、これといった行動をせず、ときにはじっと坐ったままである。そこで、モルモットに特別な反応をひきおこす音はない、ということになった。ところがその後の研究で、この動物はもっとも敏感に感じる音を聞くと、じっと坐ったまま動かないという反応をするのだということがわかったのである。

ネコに「音感」はあるか

ところで、ぼくに提案されたテーマは、「イヌが聞く音について」ということであった。残念ながら、ぼくは人が公道を歩いていてもワンワン吠《ほ》えて文句をいう、ソ連体制の警官以上の存在であるイヌが大嫌いなので、イヌについては書くつもりはない。その他のしがない動物について書くことにしよう。

そもそも、人間以外の動物にとって、音にはすべて意味があるようだ。そういう意味では、動物にとって音楽というものはないように思われる。

われわれ人間にとって、音楽的に聞こえる音を発する動物もいる。たとえば鳴く虫。

これは小学唱歌にもなっているくらい権威のあるものだが、彼ら自身にとってみれば、どうもぜんぜんちがったものであるらしい。

彼らが何を聞いているかというと、それは音のリズムだけなのだそうである。人間にとっては賞讃の対象となるメロディーなどはどうでもよく、たとえば、オスがチンチロリンとあるメロディーと音色をもって鳴くマツムシのメスにとっては、あれは単にタンタタタンというリズムにすぎないらしいのである。要するに、音のリズムのパターンだけが問題なのだ。ただし、そういえばぼくなども、ディスコのロックのリズムであれば、歌詞そのほかはほとんどどうでもよろしい、という面がある。

ディスコのことはともかくとして、とにかくそういうわけだから、たまたまある音楽にコオロギが異常な関心を示したとしても、それは必ずしもコオロギがその音楽を理解したことにはならないのだ。

ネコは視覚的な動物であるけれども、音にも敏感である。ただし、すべての音に対して音楽の先生がよくいうような「音感」があるわけではなく、ある特定な音に対してだけ極端に敏感なのである。

たとえば、乾いたようなカサッという音。こういう音がすると、ネコは反射的にその方を見る。これは、えものがこそっと動いた音を意味するのである。

母ネコにとって、子ネコの出す悲鳴は、強烈な意味をもった音だ。母ネコはそれを耳にしたとたん、すべてを放りだして子ネコのところへ駆けつける。じっさいに子ネコがいなくてもよい。テープにとった音を聞かせると、早速に母親がとんでくる。テープレコーダーをバスケットなどの中にかくしておくと、さあ大変だ。母親は必死になってバスケットを開けようとする。そして中に子ネコなどいないのを知って、いとも不思議そうな顔をみせる。こんなことはありえない、とでもいいたげな顔だ。

つまり、この音は危険な状態にある子ネコのシンボルなのだ。それは明確な意味をもった音である。

この他にも、ネコにとって意味のある音はたくさんある。飼い主の話し声や足音、飼い主の車の音、イヌの吠える声……。けれど、テープで音楽を聞かせても、テレビの音がどんなにわめいても、ネコはまったく関心を示さない。もちろん聞こえているはずなのだが、ネコがそれに意味を与えないのである。

音で人口調節する小鳥

音がもっと変わった意味をもっている場合もあるという。イギリスの動物学者ウィン＝エドワーズは、かつてこんなことを考えた。多くの小鳥は、ある季節になるとたくさん群れて、ピーチクパーチクと鳴きたてる。日本での例をあげれば、夏の終わりにスズメたちが竹やぶにたくさん集まって、チュンチュンガヤガヤやかましくさわぐ、例の雀のお宿である。あれはいったい何をしているのか？　繁殖期ではないから、なわばり争いとかメスを口説くとかいうことではない。

　ウィン＝エドワーズは思いついた——あれは人口調節のためであると。つまり、繁殖期が終わって、親子ぜんぶが勢ぞろいしたとき、鳥たちはみんなで声を限りに鳴く。そして互いにそのさわがしさを聞いて、How many are we? を知るのだ。もし、合唱があまりにやかましいときは、人口が多すぎるのだから、翌年は少し卵の産みかたを減らす。合唱がなんとなく淋しくて、気勢が上がらないときは、翌年、卵をよけいに産む。こうして人口をほぼ一定に保つのだというのである。

　音で人口調節をするというこの発想は、さすがに人々を驚かせた。まだきちんと証明されているわけではないが、きわめてありそうなことである。

擬種としての文化をめぐって

［一九九七年十月十八日、京都大学創立一〇〇周年記念公開講座での講演］

文化は本能の代わり？

ぼくは動物学出身です。ぼくが動物学科に入ったときのまわりの皆からの反応はどうかと言いますと、これがあまりよくなかった。

ひとつには、当時の天皇、昭和天皇が動物学の研究者でいらっしゃった。つまり、動物学というのはああいう人がやるもので、普通の人のやるものとちがうという反応です。おまけにぼくは昆虫をやっていましたから、虫けらの研究をして何になる、という話ばかりです。それから、「おまえはいいなあ、動物をやっているから暢気《のんき》なもんだ。俺なんか人間の研究をしているのだから大変だよ」という話になります。どうも聞いていると、なんとなく腹が立つ。人間には素晴らしい文化があるけれども、動物には文化なんてものはないじゃないか、と言われているみたいです。

腹が立ってきて、文化というのは一体何だということを考えざるをえなくなってきたので、かつて「文化＝代理本能論」というものを唱えました。つまり、普通の動物だったら本能があってちゃんと生きている、ところが人間にはある意味で本能的能力が欠けているので、しようがないから文化をつくってやっと生きているのだと、こういう言い方をしたのです。つまり、文化というのはわれわれを動物から一段上に上げるものではなくて、われわれをやっと動物並みにさせてくれる、そんな程度のものだということを言ったのです。そうしたらこれは文化人類学の先生方から猛烈に反撥を受けました。

きょうは、「擬種としての文化をめぐって」というタイトルにいたしました。「擬種」というのは、種もどきということです。動物にはいろいろな種類がありますね。たとえばアゲハチョウとか、モンシロチョウとか。それを「種」と言いますが、その種に類したものである、ということなのです。

これを言ったのはアメリカの精神分析学者のエリック・エリクソンという人です。この方は一九〇二年生まれで、もうだいぶお歳になりますが、ドイツのフランクフルトで生まれているのですが、お父さんはユダヤ系デンマーク人の医者です。本人は医者になるのを嫌がって、画家になろうというので、あちらこちら遍歴して歩いたそうです。遍歴のあげくに、皆さんご存知の心理学のフロイトのいるウィーン精神分析協会というところに入って、そこで勉強した。一九三三年にナチスから逃れてアメリカに渡りました。アメリカに渡ってみると、自分もユダヤ系デンマーク人の子どもで、ドイツで生まれてアメリカに渡ったわけですから、一体どういう人間だかよく分からない。アメリカに行くと、そんな人ばかりまわりにいるわけです。そういう中で、いわゆるマージナルマンと呼ばれるような人々にとっての、自分のアイデンティティというのは何だということを一生懸命考えて、「アイデンティティ論」の本を書いたりしています。

それからハーバード大学、エール大学、カリフォルニア大学のバークレー校などで研究をして、バークレーでは教職にあったようです。そして「子どもの発達と文化の関係」とか、「子どもの発達と文化人類学」など、いろいろと研究しておりました。

ところが一九五〇年にアメリカでマッカーシー旋風というのがありまして、結局バークレーを追われて辞めてしまったのです。それからまたあちらこちら転々として、一九六〇年には今度はハーバード大学の「人間発達学講座」というところの教授になりました。

結局、この人は一体どういう学歴をもっているかというと、いま話したとおり、なんだかさっぱり分からない人なのです。この人はなんだかわけの分からない経歴の後に、ハーバード大学という名門大学の教授になられました。これはアメリカでは初めてのことだそうです。そしてさらに研究をして、いろいろな本を書いておられますが、そのような本の中で「人間の文化というものは擬種である」ということを言っているのです。これが大変有名な言葉で、しばしば引用されます。

種というのは英語でスピーシーズ（species）と言いますが、たとえばアゲハチョウはチョウの中のアゲハチョウ科のチョウの一種で、これは一つの種です。それによく似たので、キアゲハというのがいます。これは飛んでいるのをぼくらがちょっと見ても分かりません。しかしこれらは明らかに全然ちがう種なのです。

たとえばナミアゲハというのは、幼虫がミカン、カラタチというような植物の葉を食べます。要するに木の葉っぱを食べます。ところがキアゲハは、ニンジン、パセリなどのセリ科の植物、つまり草の葉っぱを食べる。食べるものが全然ちがいます。似たようなものだからこれを食えといっても絶対に食いません。食わない理由ももちろん分かっていますが、要するに、それに含まれている物質がどうとかということなのです。とにかく種類がちがうと食物が全然ちがう。

おまけに、ナミアゲハのほうは幼虫が木の葉っぱを食べますから、そこに卵を産もう、あるいはメスもそこから出てくるから、飛んで歩くときもその木のところについて飛びます。草っ原にくると急いでどこかへ飛んでいって、木のところにいってしまう。ところがキアゲハのほうは自分の卵を産むべきところは草ですから、木のところを飛んでいても卵を産むところもないしメスも出てこない。だから逆に、木のところに来たら逃げて、草っ原に出て、草っ原を飛んで歩く。また、ナミアゲハのほうは木について一つの道を決めてずうっと飛んでいます。

何でそういう道が決まるかということを『チョウはなぜ飛ぶか』（岩波書店）という本の中で私は述べているのですが、それは農工大時代から京大の時までずっと、チョウがどうしてそこを飛ぶのかという研究を延々とやりました。

これはまたそのときずいぶん怒られました。つまり農工大も国立大学で、京大も国立大学で、ぼくの給料は国民の税金、研究費も国民の税金、その税金の研究費を使って、「チョウはどこを飛ぶか」なんていうまるで役に立たないことを研究している、非常にけしからん、というのです。

種が違えば世界観も違う

それでぼくもそう言えばそうかなと思っていたのですが、やはり研究はやめられない。役に立つかどうかも分からないということでやっておりましたら、いろいろなことが分かりました。木について飛ぶとか、その木には陽があたってなくてはいけないとか、その理由も全部分かりました。

キアゲハは木ではなくて草に卵を産むから、草っ原の上には道はできないのです、どこを飛んだっていいのですから。草っ原には陽は上からずっとあたっていますからどこを飛んでもいいのですが、ナミアゲハの場合は、木がありますと、反対側は日陰になりますから、こっち側だけ飛んで、こっち側は絶対飛ばないというふうに道が決まってくる、ということも分かりました。

最近になりますと、いろいろな町から「人間と自然の共生する町をつくりたい」というような話が出てきます。たとえば、チョウチョウが飛んでいるような町にしたい、「チョウの飛ぶ町づくり」なんていうのが出てきて、行政の方などが一生懸命になってやるのですが、どのようにやるかというと、町の真ん中に立派な花壇をつくって、花をいっぱい植えます。萎《しお》れたらいけないから、市や町のお金でどんどん花を入れ換えて、いつも新鮮な花がいっぱい咲いているようにして、相当お金をかけるのです。ところがチョウチョウは一匹も来ない。

どうしてなんだろう、というので相談がありました。「それは無理ですよ。そのまわりがグラウンドであり、公園であって、木がない、草もない。そんなところにチョウチョウは絶対に飛んでこない。だからそのためには木を植えなさい。それもポツンポツンではいけません。つながって植えなければ駄目ですよ。しかも陽があたる向きがいろいろあるから、いろんなところから放射状にあって、どこかには陽があたっているようにしなければだめです」ということで、そのようにやったところもいくつかあるようですが、そこはちゃんと花壇にチョウチョウが来ています。

それで、「チョウの飛ぶ町」が出来たということになったときに、ぼくは、ほーら、学問というのはそういうものだ、何の役にも立たないと思ったものが、そうじゃない、立派に役に立ったじゃないか、ということになったと思っております。

先ほど申し上げたように、ナミアゲハとキアゲハというよく似たチョウチョウが、実は種が全く別です。ナミアゲハは木に値打ちをおいているし、キアゲハは草に値打ちをおいている。

それほどちがうものだということになってくると、これはそれぞれのチョウの世界観がちがうとしか言えないですね。

このお互いの間の雑種は、無理矢理やればできます。無理矢理というのは、置いておいても絶対にお互いのあいだで交雑はしませんが、実に意地の悪いことをして、ナミアゲハのオスをナミアゲハのメスのところに触らせて、匂いを嗅がせておくのです。そのうちにオスがだんだんその気になってきて、さあ、いよいよというときにナミアゲハのメスをさっと退《ど》けて、キアゲハのメスをぱっと出しますと、その気になっていたナミアゲハのオスはついキアゲハと交尾してしまう。すると雑種ができるのです。この雑種は卵は産めません。ですからもうそれっきりです。ですから結局、自然に二つの種が混ざるということはありえないのです。それくらい種というのはちがったものであるということになります。

エリック・エリクソンは、「擬種」という言葉を使って、人間の文化というのもそれくらいちがったものであるということを言っているのです。われわれは文化摩擦などということをよく言いますし、カルチャー・ショックというのもあります。

同一種の中の文化的差異

一方で異文化交流ということがさんざん言われているのですが、人間というのは、人種はいろいろありますが一つの種です。体の色や形はだいぶちがいますが、まあ、とにかくそんなに大きくはちがわない。どういう人種をみても、ゴリラ、チンパンジーとははっきり区別がついて、やはり人間です。そして国際結婚などということがしょっちゅう行なわれていますが、要するに、全く異民族同士のあいだで結婚が行なわれて、子どもが生まれると、その子どもはハーフということになって、どんどんそうなっていきます。

アメリカやヨーロッパなどにいくと、そういう人ばかりで、ヨーロッパなどですと、自分のお父さんはナニ人で、お母さんはナニ人で、伯母（叔母）さんはポーランド人だけども、伯父（叔父）さんはハンガリー人だとか、一体ナニ人だかさっぱり分からない人がいて、その人は一応フランス人とかいうことになっていますが、これはあくまで国籍で、その人が人種的に何であるかということはほとんど分からない。

そういうのがいっぱいできるということは、言ってみれば、イヌの品種のようなものです。イヌはあまり小さいのと大きいのはいかんですが、雑種はどんどんできる。イヌは全部イヌという種であって、そしてそのあいだにあるのは品種のちがいだけである。しかしイヌとネコというのは全くちがう種ですから、イヌとネコの雑種というのはぼくも見たことはありません。

そのように、人間も一つの種である。ところがその中に文化というものがいっぱいあって、これはエリック・エリクソンが言ったように、ちがうのです。アメリカという一つの国があって、アメリカの文化というのは確かにあるような気がしますが、その中でイタリア系の人の文化とか、日本人が住んでいる日本人街があれば、そこの日本人地区の文化とか、あるいはヒスパニックの文化とか、黒人系の文化とか、いろいろあります。それが全部まとまったものがアメリカだというけれども、ではアメリカの文化とは何だと一言で言おうと思ったら言えないぐらいにさまざまなものが入り混じっている。そういう文化というのが厳然とあるわけです。

まさに国際日本文化研究センターというのがあるぐらいですから、「日本文化」というのもあるようです。そしてわれわれは日本文化の中にいるのだと思っていますが、これは一体何なのだろうということを、ぼくはどうしても考えてしまいます。

ぼくの専門である動物行動学から考えてみますと、やはり同じようなことが言えます。たとえば道を歩いていてネコが道端に座っていることがありますが、われわれが遠くから来ると、ネコは座ってこちらを見ています。あるところまで近づくと、すっと逃げますが、その距離は大体決まっています。その距離がネコだったら大体これくらいとか、ウシだったらこれくらいとか、決まっています。トンボでもそうで、ちょっと離れていると近づいても平気ですが、三〇センチ以内に近づくと、トンボはたいてい逃げます。ネコだと二メートルから三メートルで逃げます。ウシだともっと遠い距離で逃げます。それは動物によって決まっているのです。

人間でもそれは決まっています。その距離はほぼ一メートルぐらいですが、その距離を個体間距離といって、その中に他人が入り込んでくると、こちらは緊張するのです。ですから人に道を聞くときに、いきなり胸元まできて聞いたら、向こうの人は必ず下がります。どれくらい下がるかというと、一メートルぐらい下がりますが、その距離は非常に大事な距離なのです。

いま皆さんは座席に隣り合って座って聴いていらっしゃいますが、これはこういう椅子になっているからであって、もしもこれが何もないただ長い椅子で、こんなに人がいない時だったら、人が座っているすぐ隣に座ったら、隣の人は絶対によけます。そういうものです。

その距離を使ってわれわれは人との関係を見ているわけで、あんなに隣り合って座っているからきっと仲がいいのだろうとか、知り合いだろうとか思うし、逆に、バスを待っているときでもあまり詰めていると前の人がなんだか嫌な感じを受ける。あまり離れると、列をつくっているのかどうか分からなくなってしまう。これは実はいろいろな人が調べていまして、人間だったらほぼ一メートルというのは、人種に関係がないのです。

ところが文化がそこに影響を与えていて、この距離が日本人の場合にはかなり近い。しかしヨーロッパ人ですと、もうちょっと長い。アラブ人の場合には日本人よりもっと近いのです。ですからアラブ文化の人というのは、人と話をするときにずうっとそばに寄ってきて、しゃべりだす。だから本来、基本的にいうと一メートルであるというのは、種としての距離なのだけれども、その中にそういうちがいがどうしても出てくるということがある。その文化は確かに擬種である。自分の持っている文化に固有の距離とちがう距離をとるというのは、そう簡単にはいきません。

「日本式」とは？

それから握手というのがあります。日本人はこのごろわりに簡単に握手するようになりましたが、でもやはりそうそう簡単にはしてません。テレビなどで見ていると、なんでもかんでも握手するのは自民党の人ですね。ところがアメリカ人だったらしないと変です。

それがフランスにいきますと、握手では済まなくて、抱き合って頰っぺたにキスをする。男と男でもやるのです。これはわれわれにとってはまたかないません。しかしそれは文化なのです。いろいろな形で決まっている行動に、文化が影響を与えている、ということになります。

それにもいろいろなのがあって、日本人は握手をあまりやりませんが、お辞儀をします。頭を下げて自分のほうが小さくなることによって相手をたてるという形で、私はあなたに悪いことはしませんよ、信用して下さい、ということを言っている。こうしたことはどんな動物でもみんなやっています。ところが人間では、文化によってやり方がちがってくる。

握手というのは人間行動学のアイブル・アイベスフェルトによれば、「攻撃的挨拶」なのです。よく外国人と握手をしたときに、ぎゅっと握られて手が痛かったという人がいるのではないかと思うのです。これは何を意味しているのかというと、普通右手を使っていますね。右手というのは殴るとかいう攻撃に使う手です。その手を相手に差し出して、相手もその手を差し出して握ってしまうわけで、握ったままでは殴れない。だから、こうやって握ってしまっているから殴りませんよ、ということで相手を信用させて、相手に対する友好的な態度を示しているのです。

ところがこれは友好的な態度だけではないのです。ぎゅっと痛いくらい握ることがありますが、これは、俺はこれだけ力があるぞ、やろうと思ったらできるぞ、ということを言っているのです。だけど、あんたには使わないよ、というのが握手なのです。非常に複雑な挨拶です。たとえば一国の首相がどこかへ行くと、そこに軍隊が出てきて閲兵式みたいなことをやる。銃を持っているのがずらっと並んでいて、首相や大統領が通ると、捧げ銃《つつ》をします。あれも攻撃的挨拶なのだそうです。つまり、わが国には精悍な兵隊がこれだけいます、みんな武器を持っています、だけど、その武器はこうやって上に向けてあります、あなたは撃ちません、そのかわり、いざ撃ったらすごいよ、ということも一緒に言っているわけです。

日本にはこういう文化はあまりなかったような気がします。攻撃能力を示して、俺は力を持っているのだけれども、あなたには使わないよ、ということはやらなかったようです。それは人間一般にはあるのですが、日本文化ではそういうのが強調されているとはどうも思えない。そうした日本文化といわれるようなものについて考えていくと、一体どこからがほんとうに日本文化なのかというのがよく分からない。たとえば古墳時代の日本ではたぶん今のわれわれとは全然ちがう文化だっただろうし、挨拶ひとつにしてもちがったことをやっていただろうと思うのです。その頃の文化がそのまま今ここにいらっしゃる方々の文化に全部引き継がれているとは到底思えない。ずいぶん変わってしまっているのです。

変わってしまっているし、明らかに、例えば中国の文化と共通点を多く持っているのだけれども、何かがちがいます。それはどういうことなのだろうか。昔と今がちがうということは文化自身が変わっているということです。変わるときにはまわりからの影響を受けて変わってきています。まわりから影響を受けて変わるのであれば、エリック・エリクソンが言ったように、雑種ができないということではないわけです。雑種はできてしまう。できるのだけれども、本来の文化の何かが残っているようだということです。

日本についていえば、大昔は中国から学んだ。それは確かです。しかし日本には中国文化がそのまま生きているのかというと、どうもそうではないものが出てきている。

明治時代になると、ヨーロッパを見習いました。いろいろなものが入ってきて、今われわれが着ている洋服、こんなふうなものは全部ヨーロッパから入ったものです。今はもうこれを着ないとちょっと格好がつかない。これはもう日本の文化としてこういうものになってしまっているわけで、アフリカの礼装のような、ふわっとした白い服などは日本人は着ない。その学んだヨーロッパというのも、初めはイギリスだと思います。その次に今度はドイツからいろいろなものを学びました。フランスからもいろいろ学んだようですが、そうしてどんどん入ってきたのだから、みんな混ざっていくかというと、どうもそうではない。

イギリス式のものというのは日本に入っています。洋服などは入っていますが、イギリス人のあのものすごくプラグマティックな考え方が日本文化に入っているとはどうも思えない。

プラグマティックとはどういうことかというと、たとえばビートルズが世界的に有名になってイギリスの名を高めた、これはやはりナイトの称号を与えなければいけない、ということになったときに、ナイトの称号を与えてもよいということは皆さんほぼ合意しているのですが、名目が問題で、音楽の功績でとかいうと、古典音楽の人は「あんなものが音楽か」ということになるので駄目なのです。結局あのときに、どういう理由でナイトの称号をあげようということにしたかというと、大量の外貨を稼いだから、ということなのです。

日本で誰か、たとえば昔の美空ひばりが大量にカネを稼いだからといって勲一等とかをあげましょうなんて言うことはないと思います。しかしイギリスではそういう言い方でOKだった。日本文化はその点ではイギリス文化とちっとも混ざっていない。

ドイツとはどうかというと、ドイツ文化からもわれわれは猛烈に影響を受けているはずです。大学などは初めのうちはみんなドイツ方式だった。今でもドイツ文化の影響は日本にずいぶん入っているようですが、これはよくよくドイツ人を見ていますと、日本人のもともとの行動パターンがドイツ人と似ているところがあって、それが効いているのではないかという気もするのです。

片やフランスはどうかというと、われわれはフランスから香水とか、ルイ・ヴィトンのファッションとかを入れています。

スリッパ——皆さんのお宅でも大抵履いていらっしゃいますが、あれは全く日本の文化なのです。ヨーロッパやアメリカから来たものかもしれませんが、日本で猛烈に発達して、どこの家に行ってもスリッパがある。しかも面白いことに、たとえばクリスチャン・ディオールがデザインしたスリッパとかいうのがいっぱいある。ぼくはフランスで探してみましたが、そんなものはなかった。聞いてみましたが、「知らない」という。だからクリスチャン・ディオールやイヴ・サンローランなどは日本で売るためだけにスリッパのデザインをして、大量に売っているのです。

日常生活で使うスリッパという実に日本文化的なものに、フランスのデザインを欲しがる。しかしフランス人がどのように生きているかという意味で、フランスの文化というのは、日本人は受け入れているわけではないですね。

一体どれくらいの時間がたって、どういうインパクトがあると、文化が混ざっていくか、ということはぼくにはあまりよく分かりませんが、たとえばアフリカ大陸に東アフリカと西アフリカがあって、両方の人（みんな黒人のアフリカ人たち）をぼくはよく知っていますが、東アフリカの人たちは長いことイギリスの植民地でした。あの人々は非常にイギリス的です。西アフリカは多くの国がフランスの植民地でした。そうすると、表情からしゃべり方から全然ちがうのです。

占領されていた時期はわずか二〇〇年ぐらいです。しかし一方はフランス語が公用語です。もう一方は英語を使っているということはあるのでしょう。それで文化はずうっと入ってきてしまう。もちろんその中にアフリカ人の文化というのが厳然としてありますが、町の中で出てくる普通の時にはやっぱりフランス系アフリカ人だなという文化を見せる。

では日本はどうなのかというと、今の日本にはものすごい勢いでアメリカ文化が浸透していて、ものの考え方から何からほとんどアメリカの文化を良いものとしてどんどん取り込んでいる。しかし英語が公用語になっているわけではありません。日本人ほど英語の下手な国民はいないという話だけれども、ほんとうに英語は全然駄目です。学問の交流のための書類などでも、たとえばタイでは最初からじゃんじゃん英語で作っているのに、日本は大学でもみんな日本語です。

それくらい日本では英語が入り込んでいないのです。だけれども、ものの考え方とか、スタイルなどについて言うと、アメリカのものがものすごく入っている。大学改革をやるとかいっても、アメリカではこうやっているのだから、教員には任期をつけろとか、国立大学の民営化とかエージェンシー化とか、そういうことにも取り組んだほうがいい、そうすると大学が活性化する、というようなことも言われます。しかし、アメリカはそうやっているかもしれないが、日本にそれをもってきて、日本の文化の中でそれがうまくいくかどうか、どうも別の話のような気がします。ぼくはいま軽々しく「日本文化の中では」と言いましたが、その「日本文化」って何なのだというと、これがまたよく分からない。だんだん物事はわけが分からなくなってきてしまうのです。そのようなことを考えていきますと、一体文化というのは何なのだろうということ、つまり種として一つの種でありながら異なる文化があるというのはどういうことなのだろうか――。

「本能」も単純ではない

実は昔の動物行動学では、一つの種には決まった本能がある、たとえばネコにはネコの本能があって、ネコはその本能のとおりにネズミを捕る、と言います。ところがネコにはネズミを捕る本能というのがあるのかというと、実はそんなものはあまりないのだそうです。それからネコは本能どおりの捕り方で飛びかかって獲物を捕らえる、というのも、実はそうではない。

ネコはネズミを捕るときに、親がちゃんとネズミをもってきて、教えるように見えますね。子どもの前で飛びかかって見せたり、子どもがネズミと遊んだり、そうやってネコは学習をするというのです。狩りの本能があるけれども、片方では学習をするというのですが、パウル・ライハウゼンというドイツの動物行動学者がそれをいろいろ調べて、こういうことをやっています。

檻《おり》の中にネコを入れて、このネコはお腹をすかせておく。そこに小さなハツカネズミ、マウスを一匹放り込む。かなり大きな檻ですのでネズミがチョロチョロ走り回ると、ネコは体を伏せてぐっと身構える。しばらくじいっとしていて、ある距離にくると、いきなりぱっと飛びつく。そして首のところをきゅっと噛んで殺します。そして食べる。全部食べてしまいます。ところが小さいマウスですから、ネコはまだお腹がすいている。そこに二匹目を入れてやるのだそうです。こういう実験をあまりやると今は怒られるかもしれないけれども、かつてそういう研究者がいたのです。そうすると、その二匹目のネズミに対して、またぐっと身構えて、ぱっと躍りかかって、きゅっと殺して食べる。三匹目を入れますと、さすがにお腹がいっぱいになってきているのかもしれないけれども、しかしチョロチョロッと動いたら、ぐっと身構えて、ぱっと飛びついて、殺す。けれど、もう食べない。四匹目を入れてやると、またぐっと身構えて、ぱっと飛びついて殺して、もう食べないで置いておく。それでもまた入れてやるんです。こういうしつっこさもドイツ人なのかもしれませんが、また入れてやりますと、今度はぐっと身構えて飛びつくのですが、殺さないで放してしまう。そうすると、そのネズミは生きていますからチョロチョロ走る。檻の中に、生きたネズミがチョロチョロといる状態になる。その次になりますと、今度は身構えるのだけれども、もう飛びつかないでやめてしまう。しかしそのあとにまたどんどん入れてやりますと、身構えるだけは身構える。身構えるのをやめるのはずいぶん後だそうです。

どうも、われわれは簡単に本能などと言うけれども、そういうのはかなりパラパラにできているらしいのです。だから、身構えるというのは身構えるだけのため。飛びかかるのは飛びかかるだけのために飛びかかっている。飛びかかるのが楽しいのです。そして殺す、それが楽しいのでしょう。で、食べる。全部別々のことらしいのです。まず最初に、お腹がいっぱいになると食べることが止めになる。次は殺すことが止めになる。その次は飛びかかることが止めになって、じっと身構えるのはずいぶん終わりまでなくならない。こういうふうなものだという。子ネコは何を学習しているのかというと、どういうものが餌としていいかということを学習しているのだそうです。ですから親がマウスをもってきてやると、こういうものは餌として狙っていいのだなということが分かる。子ネコのときに親ネコからうんと小さいマウスばかりもらっていた子ネコは、おとなになったときに、普通のネズミを見せると逃げてしまう。そのへんで「本能」ということと「学習」ということがどのようになっているかがだんだん分かってきたわけです。

いちばん面白い話は、本能であると思っていたもの、たとえばウグイスが「ホーホケキョ」と啼《な》きます。それは本能だから、おとなになれば自然に唄えるのかというと、そうではないということがある時代から分かってきました。つまり学習しなければ駄目なのです。

いろいろな鳥の啼き声がそうであることが分かってきて、研究がされました。研究のためには卵か、あるいはヒナが孵《かえ》ったばかりで、まだ耳ができていない（これは調べてみれば分かります）、うんと若い、音が聴けない状態のときにもってきて隔離して、完全に遮音してケージの中で育てるのです。そこにスピーカーから親鳥の囀《さえず》りを聴かせてやる。ヒナはそれを聴いて覚えて、学習していくのです。そのときにはまだ喉ができていませんから、聴きながら唄ってみるということはやりません。じいっと聴いて記憶するだけです。何ヵ月かして喉ができてくると唄ってみて、自分の聴き覚えたものとモニターしてやっていくらしい。そして最後に唄えるようになる。

あまり遅くに親鳥の声を聴かせても駄目です。生まれて半年もしてから聴かせてやっても、それはもう全然駄目です。つまり時期があるということです。

そしてさらに、ある人がこういうことをやったのです。たとえて言うならば、ウグイスにカラスの声を聴かせてみたらどうなるだろうか。生まれて耳ができてきて、音が聴こえるようになった小さなヒナに、スピーカーからテープにとった「カァカァ」というカラスの声を聴かせる。そうすると、初めて聴いたものだからそれを覚えてしまって、「カァカァ」と鳴く変なウグイスができるだろうかという種類の実験をやったのです。しかし、そうはならない。

いくら「カァカァ」聴かせてやっても、ヒナのほうは知らん顔をしている。それで試しに、ほんとうのウグイスの声にテープを切り替えてやったら、途端にそれを聴くわけです。カラスに切り替わるとまたやめてしまう。これはどういうことなのだろうか。

つまり、このヒナはウグイスの声がどんなものであるかは知らないわけです。初めは耳が聴こえなかったのだから聴いていない。聴こえるようになって初めて聴いたのがカラスだったら、それに関心をもたない。しかしウグイスの声が聴こえたら、ぱっと関心をもって聴くということは、これは学習のお手本だということが分かっているということではないだろうか、しかも遺伝的にです。

遺伝＋学習

そんなことをずっと調べていきますと、だんだん分かってきたのは、昔から遺伝か学習かという二分法の話がありましたが、そうではなくて、学習というのは、遺伝的なプログラムの中に乗っかっているのです。囀りを学習しなさいという、これは遺伝的なプログラムです。そしてその時期は、プログラムですから時期があるのですが、卵から孵ったのち、数日後から一ヵ月ぐらいのあいだに学習しなさい、その学習をするときには親の声を聴いてしなさい、お手本とすべき声はこういう声です、ということまで、遺伝的にちゃんと指示が入っていて、ヒナはそれに従って学習をしていくらしい。だからあまり遅くなって、一ヵ月後までにという指示が入っているときに、半年後にやったのではもう駄目で、それでは唄えなくなってしまう。

遺伝とは全く対立するものだと思われていた学習がそのようになっているのだということがだんだん分かってきたのです。この遺伝的プログラムは、ウグイスだったらみんな同じです。どんな鳥でもその種類については同じです。

けれど、こういうことも起こるのです。たとえばアメリカですと、同じ種類の鳥なのだけれども、その土地によって囀り方がちがう。つまり囀り方に方言のあるところがあります。そこで生まれて育ったのは皆その方言になる。これはもともと遺伝的に方言しかしゃべれないようにできているのかというと、そうではない。こいつをもってきて隔離して、鳥には文部省もNHKもないから標準語というのはないのですが、いちばんスタンダードとぼくらが思っているものを聴かせてやると、ちゃんとそれを学習して覚えてしまう。そして「標準語」で唄う土地のヒナに方言を聴かせて学習させると方言を覚えてしまう。そういうことになるのです。だけども、学習しなければいけないということはガチッと決まっているし、いつからいつまでに、ちゃんとお手本がなければ駄目、ということも全部決まっている。これは遺伝的に決まっているとしか言いようがないのです。

どうもわれわれの文化というのもそんなものらしい。つまり、人間ですから喜怒哀楽からはじまって、いろいろな感情がありますし、何かをやる必要がある。そのことについては、それはみな同じようにやらなければいけないのだけれども、そのときに、これは大体親やまわりから教わりますが、何をどうするかということをまわりから取っていくわけです。まわりから取っていくときに、そのまわりのものを取り込んでしまうのだろうと思えるのです。

言語はどうかという話がいちばん面白いのですが、ノーム・チョムスキーというアメリカの言語学者の説によると、人間の言語というものは、基本の文法は遺伝的に決まっているというのです。つまり、主語と述語を置くということです。主語と述語をちゃんと置いて、「誰がどうした」という言い方をする。

たとえば、これはよく使う例ですが、自分の家に郵便屋さんが入ってきて、イヌがワンワンと吠えついて、郵便屋さんがイヌを蹴っ飛ばした。それを見てびっくりした子どもは「郵便屋さんがイヌを蹴ったよ」と言います。これはイギリスだったら英語で、日本だったら日本語で、ドイツの子どもだったらドイツ語で、そういうことをちゃんと言います。しかし決まっていることは、「郵便屋さんがイヌを蹴ったよ」と、つまり主語と動詞を二つ別々にしているのです。ところが現実にこの子どもが見たものは、「イヌを蹴っている郵便屋さん」という一つのものである。それを「郵便屋さん」と「蹴った」に分けてしまう。

「ぼくはいま話をしています」と言ったとします。それは文章としては、「ぼくは」と言うのと、「話をしています」という動詞と二つに分けています。この二つに分けないと言葉になりません。しかし実際にいま存在しているのは「しゃべっているぼく」で、これは一つしかない。これが二つあったら怖いですよね。そういうものを二つに分けてしまって話をするというのが人間の言語のいちばん基本なのだ、とチョムスキーは言っています。

言語のこの基本的な文法構造というのは、人間の言語ならみな同じである。どんな言語でも、何かをやっている一つのものを主語と動詞に分けるということを必ずやっている。これは学習したものではなくて、三歳から四歳になると自然に分かってきてしまうのだそうです。つまり、人間という種に、遺伝的にプログラムされたものなのだといえます。

ところが、それを具体的に文章にするときには単語が要ります。日本語だったら「郵便屋さんがイヌを蹴ったよ」と言わなければいけない。英語だったら "The postman kicked the dog" と言わなければいけない。それを言わなければ、いま言った遺伝的にプログラムされている文法構造は具体化されません。その単語をわれわれはまわりの文化の中から学んでいる。その学んだものを使ってわれわれはどんどんしゃべっているわけです。

自分は英語が下手で語学の才能がないなどと思う方がいらっしゃるかもしれませんが、それは間違いです。もしその方がアメリカに生まれていたら、いまごろアメリカ英語をペラペラしゃべっているはずですし、モンゴルにでも生まれたら、あのややこしいモンゴル語をペラペラしゃべっているはずです。語学の才能がない人なんていない。たまたま日本に生まれ育ったから日本語を使っているわけで、この複雑怪奇な日本語を平気で使っていらっしゃる。そしてそこに、日本語独特の言いまわしや概念も生まれてくる。結局はこれが文化なのでしょう。

ですから、文化とは、人間に遺伝的にそなわったプログラムが具体化されたものなのです。そのプログラムを具体化するときに、どうやって具体化するかということを自分の身のまわりから取っていく。日本に生まれた人は日本の中で日本人の中から取っていきますから、そこに同じようなものをつくっていくのです。

そうすると、それは同じようなものですから、日本人同士は理解ができる。しかし全然ちがうところで育った人は理解できないことがあります。それをカルチャー・ショックとかいっているのです。しかし、よくよく分かってみたら通じるじゃないかというのは、それはそのもとは同じ人間の遺伝的プログラムだからです。

つまり、共通の遺伝的プログラムが、文化によっていろいろな形で具体化されていくのです。かつてアドルフ・ポルトマンが『人間はどこまで動物か』（岩波新書）で言ったように「遺伝と社会が（子宮外の胎児期に）混じりあう」わけでもなく、「遺伝が社会化されて時代とともに変わっていく」わけでもありません。

遺伝的プログラムが文化によって具体化されていくのですから、人間は文化がなければ生きていけないのです。それは、鳥が学習なしにはその種独特の囀りができないのと同じです。

表面的にはさまざまな文化に、基本的には共通性があるのもそのためです。

文化にはエリクソンが言った、「擬種」ともいえる性格があるのもそのためです。

その逆に、文化が混じりあって、変化していくのもそのためです。

しかし、文化がそれぞれ強固な独自性を保っているようにみえるのも、その逆に、それぞれ混じりあって変化していくようにみえるのも、じつは表面的なことであって、その基本にある人間という種の遺伝的プログラムはおいそれとは変化しないでしょう。

結局、そのような形で文化というものがあるとすると、これは、エリック・エリクソンがかつては非常な卓見として言った「文化は擬種である」というようなことだけでは、もはや済まないのだと思いますし、かつてぼくが唱えた「代理本能論」も撤回です。

これからぼくは文化というものをそんなふうに捉えながら、いろいろなことを考えていきたいと思ってます。

2

生き物たちの生き方

［二〇〇四年十二月四日、福井県生活学習館での講演］

はじめに

ぼく自身は動物行動学ということをずっとやってまいりました。今日はどういう話をしたらいいかなと思って、ほかの先生方のお話を見ますと、いろいろなことを話されているのですが、自分の研究を話してもあまり面白くありません。かといって動物行動学の話を全部やってもあまり生き方にはならないかもしれないと思いますので、動物行動学的な立場から見たときに、「生きる」ということはどういうことかというようなことを具体的にお話してみようかと思います。一時間ぐらいで話がまとまりましたら、あとはいろいろな質問をしていただきます。

今の話に対しての質問というのではなくて、日頃こういうようなことがよく分からないとか、聞いてみたいなと思っていたとか、何でもいいですから聞いていただければ、それからまたお話を展開できるかなと思っております。

動物行動学とは

動物行動学とはどういう学問か。動物たちが仲間どうしで接触したり、喧嘩をしたり、あるいはオスがメスを口説いてみたり、メスがオスをだましてみたり、いろいろなことをやっているわけですが、そういうことは一体どうやって起こるのか。例えばクジャクのオスがメスの前に行って、バッと羽を開いて見せます。あるいは極楽鳥などはメスの前に行ってぴょんぴょん跳ねてみたりしますが、一体なぜああいうことをするのかという話と、ああいうことをするとどういういいことがあるのかとか、そんな話です。

それとまた別に、人間もそうですが、生まれたばかりの赤ん坊というのは何もできません。それはわれわれも皆そうなのです。皆さんこうやって偉くなられていますけれども、生まれたばかりの時はどうしようもない赤ん坊で、腹が減ったらギャーギャー泣いて、おしっこ垂らしたり、うんこ垂らしたりして母親に困られたというだけなのが、いつの間にかちゃんと大きくなって、りっぱに何か仕事をするようになるのです。それは、ほうっておいてもだんだん大きくなると自然にできるようになるのか、それとも何かいろいろなことを学ばなくてはいけないのかとか、そんな問題があります。

それは実は動物によって違います。後で詳しくお話しますけれども、昆虫は何も学習しません。生まれたばかりの、卵から孵《かえ》った虫が、ちゃんと葉っぱを食べます。何を食べたらいいかも知っています。われわれ赤ん坊は何を食べたらいいのか分からないから、その辺にあるネジクギだとか、画びょうだとか、そんなものまで食べてしまって母親が大慌てするということがしょっちゅう起こるのですが、虫はそんなことはありません。チョウチョウは、芋虫のときは羽がないから飛びませんけれども、さなぎになって、いよいよ羽が生えて親のチョウチョウになったら、練習も何もなしに平気でサッと飛びます。ところが、鳥はそうはいかないようです。そんなふうなことがどうなっているかということも動物行動学の分野の中に入っています。

今日お話するのは、その分野と特に関係があるようなことだと思います。昔から人間は動物の行動には非常に関心があるものですから、ギリシア時代からいろいろなことを考えたり言ったりしています。イソップの物語にもありますね。キツネはずる賢いとかいろいろ言われていますが、だんだん学問になってきますと、それに理屈がつきます。

学問的な理屈というのは大半がうそです。一応みんな先生方は真面目くさった顔で言いますけれども、大抵はうそなのです。例えばクジャクのオスがメスの前に行って羽を広げて、きれいな羽をワッと見せる。あれは何をしているのか。昔の説では、あれはメスを誘惑しているのだといったのです。オスがきれいな羽を見せると、メスはそこでついコロッと参って、オスのところに駆け寄ってということになるということだったのです。そういうつもりで見ているとそうも見えるのです。そのためにクジャクのあのきれいな羽の色は進化したとか、いろいろな理論ができました。

ところが、そのうちにやはりちょっと少しへそ曲がりな人がいるのですかね。ほんまにそうかいなと。メスはオスがそばに行って美しい羽を見せたらパッとコロリとなるのかな、そんな甘いものかなと思った人から見ると、そんなにメスは甘いものではないということも分かってきます。オスが一生懸命こうやって行きますと、メスはそれをじっと見ていて、一瞬ほれ込んだような顔をして見ているように思えるのですが、実はよく見ると冷たく見ているのです。じっと見て品定めをしています。そして、ふっと行ってしまいます。それでほかのオスのところを通ると、そのオスは、メスが来たものだから、また一生懸命羽を見せるのですが、メスはまた冷たくじっと見て行ってしまいます。こうして三羽か四羽、ひどいときは五羽ぐらいのオスを見て回ったあとで、そのメスはトットッとその五羽のオスのどれかのところに戻ってきて、そのオスとつがうのです。

そのオスはどんなオスかと調べてみますと、やはり一番抜群にきれいなオスなのです。結局、メスはちゃんと品定めをしているわけですから、少し羽がぼそぼそとなったようなオスは、いくら一生懸命にやってみてもメスが一羽も来てくれないのです。オスというのは大変なのだということもよく分かりました。

人間でも、結局メスがオスを選んでいるわけです。オスのほうは一生懸命お茶をおごったり、贈り物をしたりしますが、だから功を奏するというわけではないのです。逆に、人間という動物は一夫一妻になっていますから、一夫一妻の動物になりますと、今度はオスもメスを選んでいるということが分かってきました。そういうところから、いろいろなものの見方が変わってきたのです。そんなことも動物行動学の中にあります。

「生きる」と「育つ」

一体「生きる」とはどういうことかというようなことを、ぼくなりにここのところずっといろいろ考えていますので、そういうお話をしようかなと思っています。「生きる」ということは、とにかく「生きている」ということが一つなのですが、あとはやはり「育つ」ということがあります。ぼくはもう七十五歳なので、あまり育つということはないのですけれども、もちろん赤ん坊から育ってきました。これは皆さんも一緒です。育ちながら生きていくわけです。生まれたばかりのときに何もできないのが、だんだんいろいろなことができるようになる。それを見ていますと、やはり大抵の動物は学習をしています。

例えば、鳥のガンのヒナが母親に連れられてちょろちょろ歩いているとき、母親は歩きながらその辺の葉っぱをちょっとつまんで食べています。ヒナは後ろからついていきながら、母親がどんな葉っぱを食べているかを一生懸命見ています。それで、母親が食べたような葉っぱをつまんで食べるのです。ところが、時々変な間違いをします。母親が丸い葉っぱを食べるので、ヒナはそれを見てその辺の丸い葉っぱを食べるのですが、その辺りに生えている丸い葉っぱには非常に苦いものがあるのです。ヒナのほうは、母親が丸いのを食べたから丸いのがいいと思って食べるとすごく苦いので、ペッと吐き出して、そのあとはどこが違うかもうちょっとよく母親を見ています。それで、本当に丸くて、かつ苦くないものを食べるようになります。そうすると、そのヒナはちゃんと自分一人で物を食べていけるようになる。それをやらないと、このヒナは生きていけないわけです。

それから、小鳥はさえずりをします。さえずりは楽しんでいるように聞こえますけれども、そういうものではなくて、非常に大変です。例えばウグイスはホーホケキョと鳴いています。いい声で鳴いていますが、あれはいい声で鳴いているつもりではなく、一生懸命縄張りを宣言しているわけです。「ここはおれの縄張りだ。ここはおれの縄張りだ。入ってくるな」と言っています。中に巣があって、そこにメスがいます。オスはそのメスに子どもを産ませていますので、オスの子どもがそこにいるわけです。そこにほかのやつが入ってこられたら困るので、オスは鳴きながら縄張り宣言をしている。ウグイスとはそういう鳥なのです。

実はウグイスのオスはしょうがないオスで、縄張り宣言ばかりしているのです。それで、絶対にヒナにえさを持ってこない。えさを持ってくるのは母親だけなのです。母親は一生懸命えさを持ってきて、ヒナを育てている。オスはホーホケキョ、ホーホケキョと鳴いて回って、「ここはおれのところだ、おれのところだ」と言っているだけなのです。

けれど、そのときにさえずれなかったらどうなるか、さえずりができないようにしてしまったらどうなるかという実験をした人がいます。ウグイスではありませんが、ほかの鳥でもって実験してみると、早速ほかのオスが入り込んできて、そのメスを取ってしまうのです。取ってしまうというのは、つまりそのメスとつがって、メスにほかのオスの子どもが生まれてしまうのです。だから、やはりさえずりはできなくてはいけません。

ぼくらは、例えばウグイスだったらホーホケキョと思っています。ウグイスはホーホケキョとしか鳴きません。だから、ホーホケキョというあの声は、ウグイスという鳥に遺伝的に備わった、つまり本能的なもので、学習なんかすることはないのだとみんな思っていたのです。

しかし、またちょっとへそ曲がりの人がいて、本当にそうかなと。生れたばかりのヒナを持ってきて、親の声を聞かせないように隔離したところで、何の音も聞かせずに育てますと、このヒナは大人になっても、かわいそうに、全然ホーホケキョができなくなります。(実はウグイスでそういう実験をした人はいないのです。ぼくもやろうと思いましたが、うまくヒナが育ちませんでした。話として簡単にするためにウグイスで話をしますが、現実にはウグイスでやった話ではないです。)

ウグイスのメスはさえずりませんが、オスは大人になったらホーホケキョとさえずるということは決まっているのです。しかし、大人になったら自然にさえずれるかというと、そうではない。やはりその間にどうも学習はしなくてはいけないらしい。そこで、どういう学習をしているのかを調べた人がいます。それは、うんと若いヒナを持ってきて一羽だけで飼うのです。完全に音を遮るようなケージの中に入れて飼います。そのまま何の音も聞かせなくても、ちゃんとえさをやっていればヒナはだんだん育ちます。

そして何ヵ月かするとちゃんと大人になりますが、このオスは全然さえずれません。やはり、ウグイスは親のホーホケキョを聞いて学習しているのではないか。そこで、そのホーホケキョという声をテープに取っておいて、それをヒナのいる遮音したケージの中にスピーカーで流してやります。スピーカーからホーホケキョという声が聞こえると、ヒナはそれを一生懸命聞いているのです。そしてそのヒナは、大人になったときはちゃんとホーホケキョとさえずれる。だから、やはりヒナは親のホーホケキョというさえずりの声を聞いて学習をしているのだということになりました。

そうするとまた、誰でもそういう実験をやってみたくなりますが、要するに声を聞いてそれと同じ歌を歌うのだから、例えばウグイスのヒナにカラスの声を聞かせてやろうかと思った人がいます。それで、テープに取ったカラスの声を聞かせてやります。生まれて初めて耳が聞こえるようになったときからカーカーというのを聞かせてやりますと、どうなるか。場合によっては、そのカーカーというのを学習してしまって、親になってカーカーと鳴く変なウグイスができるかなと思ったわけです。それで、そういう実験をしてみたのです。

ただし、この実験は、これをやってもし失敗した場合、おまえはあほかと言われますから、もうちょっと学問的にやります。どういうふうに学問的にするかというと、ウグイスのホーホケキョという音をテープに取ります。その音をいろいろとコンピュータで変えます。例えばホーホケキョというのをホケキョホーとか、ケキョケキョホーとか、ホーホーホーケキョとか、いろいろ変えてみるわけです。どれくらい変えても大丈夫かということをやってみるのです。要するに、やりたかったのはカラスの声を聞かせたらどうなるかというのと同じことです。

それをやってみたらどうなったか。カーカーという声を聞かせますと、そのヒナは知らん顔。何も関心を持たないのです。カーカーという声が聞こえてくるのに知らん顔をして、えさを食ったりして、全然聞こうともしないのです。

向学心もないしょうもないヒナだと思ったわけですが、ものは試しというので、テープを切り替えて、本物のウグイスの声を聞かせてやりました。そうすると急に聞くのです。これはどういうことなのでしょうか。つまりこのヒナは、生まれて耳が聞こえるようになったら、まずカラスの声を聞いたのですが、それには関心を持たなかった。次に、生まれて初めてウグイスの声を聞かせると、それは聞くわけです。

聞く必要がないというのはどうして分かっているのか。これは学習したわけではないのです。考えてみると、これは遺伝的に決まっているのではないか。ある意味では本能ですね。遺伝的にそういうことが決まっているのではないかなというので実験してみると、どうもやはりそうなのです。

遺伝と学習

今、勉強とか学習とかいうのは、遺伝的な情報として体にあるいは遺伝子に組み込まれていないような情報を獲得することだ、それをさせるのが教育だと思われています。つまり遺伝と学習というのは全然違うもので、昔から、二十世紀にさんざん問われたのは、遺伝か学習かという二者択一の問題でした。そういうことが問題になるものですから、いろいろと変な実験をした人がいっぱいいるのです。

例えばそういう中でいちばんくだらないと思う実験は、アメリカの誰かがやった研究です。人間の赤ん坊が生まれたばかりのときは、はいはいをしています。だんだん一歳ぐらいになると、何とか摑まって立ちます。しばらくすると、手を引いてやったら何とか歩きます。それで、人間の大人と同じように二本足で立って歩く格好になってきます。それからしばらくして一歳半から二歳ぐらいになると、階段を上《のぼ》れるようになるのです。

そのときにあるアメリカ人の研究者が、赤ん坊が二歳ぐらいになると階段を上れるようになるのは、そのくらいの年になるとちゃんと筋肉や神経系が発達してくるからだろうか、つまり自然にそうなるのだろうか、それともやはり学習が必要なのだろうか、を調べてみようと思ったのです。

その人は一卵性双生児を二十組ぐらい集め、二つのグループに分けました。これは遺伝的には同じですから、遺伝的に二歳になったらちゃんと階段を上れるようになるのだったら、どっちのグループの子も上れるはずだ。学習が必要なら、学習をしなかったほうは上れないはずだと思ったのです。二つのグループに分けました片方は、全く上るという経験も学習もできないようなところで育てました。もう一組は本だとか、台だとか、そんな物がある部屋で育てましたから、上ろうと思ったら上る練習ができます。落っこちたりして、いろいろ学習ができます。それで一年半か二年後、階段の前に連れていったら、どっちのグループの子も同じようにうまく階段を上ったというのです。

つまり、人間の赤ん坊が二歳ぐらいになって、階段を上り下りすることについては学習の必要はない。筋肉や神経系がそこまで成熟してくればできると、こういう論文にしたのです。それが分かってどうするのと言いたくなるような実験です。赤ん坊だってかわいそうですよね。何かすごく迷惑な目に遭っていると思うのです。

そのほかにもいっぱいありまして、遺伝か、それとも学習かというのは二十世紀の大問題だったのです。ところが、動物行動学の研究をずっとやっていて、今言いましたように、ウグイスだったらウグイスの声は初めにパッと分かって聞いて、それを学習してしまうけれども、カラスの声に全然関心を持たないのはどういうことかがだんだん分かってきますと、遺伝と学習の関係についての考え方が変わってきました。

人間の学習というか、教育の場合にも、実はそういう間違いみたいなものが随分あって、今でもまだ残っています。子どもは何でも教えれば学習をするというので、幼児開発協会というのがありました。生まれたばかりの赤ん坊をいきなり水の中に放り込んで無理やり泳がせると、泳げる子どもになるとか、トランポリンに放り投げると非常に運動能力のある子どもになるとか、それでいろいろなことをさせるのです。何でもやらせればみんな子どもは覚えてしまう、学習してしまうと思った時代がありました。けれども、どうもそういうことではないらしい、駄目なものは全く駄目ということで、今の教育は何でもとにかく教えるようになっていますが、どうしても子どもが覚えたがらないものもあるし、ある年が来たら自然と分かってしまうこともあるのです。そういうことが実はあるのだということも分かってきました。

結局、小鳥のさえずりというのは、一般的に言うと、さえずりは学習しなさいということが遺伝的に決まっていて、それに従って学習をします。学習をいつしなさいということも決まっています。卵から孵《かえ》って耳がちゃんと聞こえるようになったら、すぐに聞いた声をまねしなさい、そしてそれをちゃんと聞いて覚えて歌ってみて、モニターしながら聞いていって、それを覚えなさいと。そのときのお手本はこういうものですよ、ウグイスだったらホーケキョという声ですよということも、実は遺伝はちゃんと教えてくれています。カーカーじゃないんだよということもしっかり教えています。ただし学習はしなくてはいけない。どうもこういう構造になっているらしい。そうすると、ヒナは一生懸命、遺伝的な指令にしたがって学習していきます。多分その学習はうれしいのでしょう。やってみたくてしょうがないのでしょう。聞いたらすぐに憶えてしまいたくなるものなのでしょう。それで一生懸命やっていくと、ちゃんと大人になったらホーホケキョと歌える鳥になるわけです。歌えませんとメスが来てくれませんから、学習をさぼったオスの子は、大人になったときにはメスを諦めなくてはいけないのです。そういう厳しいものです。

遺伝的プログラムと、その具体化

遺伝的なものというのは、昔は本能と呼ばれていました。本能というのは遺伝的に決まっているから、放っておいても大人になったら出てくるものだと思われていたのですが、さえずりの場合は放っておくと駄目なのです。学習しなくては駄目なのです。けれども、こういうものを学習しなさいということは遺伝的に決まっている。こういう構造になっているのです。

そうすると、この学習しなさいという遺伝的なものは一体何なのか。本能かというと、本能ではない。これは実は「プログラム」なのです。そこでこれを「遺伝的プログラム」と呼ぶことにしました。この言葉はあまり普通は使われませんが。学習するのは、遺伝的プログラムに従って、あるいはそれに沿って起こるものだということです。

このプログラムとは何か。これはなかなか難しいのですが、いちばん簡単に言うとすれば、こういうことではないかと思います。入学式だとか卒業式だとか、いろいろな式典があります。そうするとその式場にはたいてい紙が下がっていて、「式次第」が書いてあり、まず、「一、開式のあいさつ　事務局長」とある。その次に、入学式だったら「学長あいさつ」とか「学長訓辞」、その次に「来賓祝辞」とか書いてあります。あとは「入学生答辞」とか「感謝の言葉」とかがあって、最後に「閉式の言葉」があります。それがプログラムです。

このプログラムが実は遺伝的というのと非常によく似たところがあるのです。この式次第は、みんなが集まった入学式の会場で皆さんに、「どういうふうにやりましょうか。最初に開式の合図を事務局長にやってもらいますか」と言って「一」。「次に学長さんのあいさつをお願いしましょう」で二番めが「学長あいさつ」。「来賓が三人いらっしゃるのですがどういう順番にしましょうか。大学だから、やはり文部科学大臣かな」とか、そんなことをして決めたものではなくて、初めからできているのです。つまり式が始まる前にできている。ということは、ある意味では遺伝的に決まっているというのと同じ意味を持ちます。それが順番に書いてあるのです。ただし、これは順番が書いてあるだけなのです。

それで、最初に「開式の辞　事務局長」とありますと、事務局長が出てきて、おじぎをして、「これから何々式を始めます」と言って、おじぎをしてまた帰るわけです。あほらしいといったら、ものすごくあほらしい。でもそれをやらないとプログラムの一番が具体的なものにならない。具体化されないのです。

次は「学長訓辞」になります。そこで学長先生が出てきて訓辞を始めるのですが、この訓辞はどんなものであるかというのはどこにも書いてない。中には、紙を出して広げて、「皆さん、何とかかんとか…」と言うこともあるでしょう。あるいは、「皆さん、今日はおめでとう」「そもそも大学というものは」とか言ったりするかもしれません。これはいろいろあるのです。つまらない訓辞をする人もいるし、面白い訓辞の人もいるでしょう。訓辞の内容は、どこのプログラムにも書いてない。「学長訓辞」としか書いてない。でも、学長が出てきて、訓辞を終えたら、みんな同じように拍手をして終わる。これで二番めが具体化されました。

今度は「来賓祝辞」です。「文部科学大臣」なんて書いてあるのです。これはまさにプログラムです。文部科学大臣が普通来ることはないのです。必ず代読です。でも、それをやってくれないと祝辞の一番めが終わらないのです。

それで式が進みますと、プログラムが順番に具体化していって、最後に「閉式の辞」があり、これで入学式がちゃんと具体的に終わりましたということになります。

要するに、鳥のさえずりの学習というのもプログラムが書いてあるのです。書いてあるのですが、それを具体化するためには学習をしなくてはいけない。それをするとプログラムが本当に具体的なものになって、そのヒナは大人になってホーホケキョと鳴けるのです。そういうものだと思います。

実はこの具体化というのは、人間の場合も結局同じようなものですが、ある意味では演劇のシナリオと同じだと考えてもいいでしょう。演劇のシナリオは、どういうふうに話が展開するか筋が書いてありますね。俳優がいろいろ出てきて、せりふを言います。そのせりふもちゃんとシナリオには書いてある。「だれだれ登場」と書いてあると、だれだれが出てきて何かせりふを言います。そのとき、どういう格好で出てくるかはあまり書いていません。堂々と出てくることもあるでしょうし、その出方はその人が、あるいは監督が決めます。どういうせりふをしゃべるかは、もとから決まっています。ところが、中には忘れてしまう人がいまして、途中でとばしたりします。そうすると変な芝居になってしまう。それで相手も答えようがなくなったりすることもあります。しかしとにかくシナリオがあって、それに従って芝居が進んでいって終わる。そうすると、それで一つの芝居が終わったことになるのですが、所詮はシナリオが具体化されたということでしょう。

例えば「ハムレット」という芝居があります。その「ハムレット」は、随分大昔にシェークスピアが書いたわけですが、今でも「ハムレット」のお芝居を同じ筋でやっています。ずっと最後までいって、結局最後は同じように終わるのです。これは、つまりプログラムとしてあるシナリオを具体化しているわけです。具体化するのは大変なので、いろいろな俳優がいて、おのおのがせりふを覚えて、身振り手振りも覚えて、そして順番にちゃんとやっていかないとシナリオどおりに進行しない。最後までうまくいったとしても、要するにそれはシェークスピアの「ハムレット」というシナリオを上演しただけだといえば、まさにそうなのです。

ところが、そこでうまく皆がやると、本当に感動する見事な芝居になって、終わったら皆がワーッと拍手したくなる「ハムレット」になることもあります。しかし、練習不足とかいろいろありますと、途中で間違えたりして、「何だ、ありゃ」というものになってしまう。それでも「ハムレット」の芝居をやったことはやったわけです。それは具体化のしかたが悪いのです。

人間の遺伝的プログラム

人間の場合も、結局は子どもから大人になるというときに遺伝的なプログラムがずっとあるのです。とにかく赤ん坊のときには食べなくてはいけない。親に保護されて食べる。おなかがすいたら泣いてミルクをもらう。もらってしばらくしたら、グーッと寝てしまう。そしてまた目が覚めて、おなかがすいてきたらまたギャーギャー泣く、またもらう、というふうなことを繰り返します。そして、しっかり食べなかったら赤ん坊は大きくなれません。そのときに「泣いちゃお母さんに悪いかな」なんて余計な心配をする子は、多分大きくなれないでしょう。そのときはどうでもいいから、とにかく泣いてどんどんもらう子はちゃんとりっぱに育つのです。

育っていくと、だんだん子どもになっていきます。子どもになると、女の子と男の子がだんだん違ってきます。女の子だったらお人形を好きになるとか、赤い色が好きになるとか、いろいろな好みが出てきますし、男の子は何か乱暴に壊したりするということが始まります。

それで小学生になります。そこにもプログラムがあって、男の子は高いところから飛び下りてみるとか、乱暴なことをけっこうやらかします。昔は、その年ごろの子どもはそんなことをするものだ、困ったものだということになっていたのですが、いろいろ研究されてみると、必ずしも困ったものではないのです。たしかに十歳ぐらいの男の子というのは相当乱暴なことをしたがる。木に登ったり、木の枝が折れて落ちたり、高いところから飛び下りてみたり、時にはそれで足を折ったり、いろいろなことをして親を困らせるのです。

しかし、いろいろ調べてみますと、十歳ぐらいの男の子は、ちょっとぐらいの怪我でもほとんど跡形もなく治ってしまうのです。非常に傷の治り方がいい。それが二十歳を過ぎたりすると、もう元へは戻らないということになるそうです。ですから、やはり十歳ぐらいの男の子は、そういう乱暴なことをやって、自分に何ができるか、これ以上やったら危ないとか、こういうことはやってはいけないとか、そういうことを学習していくために、ちょっとぐらい怪我をしてもスッと治ってしまうようなことまでプログラムされているみたいです。

昔は、そのころの男の子はみんな随分乱暴なことをやっていたのですが、このごろはそれが危ないというので、「危ないよ、危ないよ」と言ってとめる。それで全然何もしなくなってしまって、一体自分に何ができるのか、できないのか、そのとき殴ったら一体どういうことが起こるのかなどということも分からないままに大人になってしまうのです。そこで変なことで人を殴って殺してみたりということが起こったり、二十歳を過ぎてから急にすごいアドベンチャーをしたくなって、どこか海の真ん中へヨットかなんかで出ていって帰ってこられないとか、そういう無茶苦茶なことをやってくれるのではないかと思います。やはり人間というのは、そういうふうに子どもから大人になっていくときに、男の子はそんなことがやれるようにできています。女の子がそのときどういうことをするのか知りませんが。

そんなことをしているうちに男も女もだんだん大人になっています。大人になってくると、男の子は女の子が気になってくるのです。好きになるわけです。女の子の体に関心を持つようになるので、スカートめくりなんてことをやるのです。女の子のほうは女の子で、やはり男の子が好きになる。

遺伝的なプログラムとしてみると、やはりしばらくしたらそこで一緒になって子どもを作ってもらわないと遺伝子が増えません。遺伝子にしてみれば増えていきたいので、増えるようになってほしいのです。そうすると、十七~十八歳になってくると男の子はけっこう大人になって、女性に対して猛烈に関心が高まります。女の子は女の子で、やはり男の子が好きになるということになりますし、同時に非常にきれいになります。

そうすると、男の子はそれにだまされてと言っては悪いけれども、ついほれ込んで、「きみが欲しい」なんて思うわけです。そんなことをしているうちに、結局二十代か三十代になると結婚して、子どもが生まれる。そうすると、子どもがおっぱいを飲むところから始まって、かつて親がしたのと同じことをずっとやっていくわけです。そして二十年くらいすると、自分のお父さんやお母さんがやったようなことをまた始めるわけです。こうして子どもが二十代になったときには、お父さん、お母さんは大体四十歳を過ぎていますから、残念ながらどうしても老け始めています。これもしょうがないのです。そうするとこの二十代の若い男女がまた子どもをつくって、またそれを繰り返すわけです。その二十代の若い男女も二十年ぐらいたつと老け始める。それをずっと繰り返しているわけです。

　例えばウグイスという鳥であれば、大人になったらホーホケキョというさえずりを歌う、そのためには学習が必要であると遺伝的プログラムに書いてあるのです。人間の場合だと、例えば二十代から三十代になった頃に異性を見つけて、その間で子どもをつくるということが書いてあります。これがネコですと半年で大人になってしまい、二十代から三十代ではなくて、半年もすれば異性との間に子どもをつくると書いてあるわけです。実際、ネコたちはそれをやっています。チンパンジーだったら十年ぐらいしないと子どもをつくりません。人間は二十代から三十代にならないと子どもをつくりません。

　しかし、それは書いてあるだけなのです。われわれ皆、男も女もそう書かれているわけです。ところが、自分で考えてみたら分かりますが、これを具体化するのは大変なのです。異性との間に子どもをつくると簡単に書いてあるけれども、大体どんな異性がいるか。職場にはそういう異性がいないとか、いてもちっとも気に入らないとか、あるいはいくらあの子にアプローチをしても全然こちらに目を向けてもくれないとか、いろいろなことがあります。

　人生の大半のエネルギーを使って、やっと二人が結婚をして、ということになります。それで何ができたかというと、人間は二十代から三十代になると異性を見つけて子どもをつくるという、この一行のプログラムが具体化されているだけなのです。くだらんと言ってしまったらそれでお終いで、結局それが人生なのです。生きているとはそういうことなのです。

そこには非常に不幸なことがいっぱいあります。本当に仲良くなって結婚してというときになったら、結婚式の前の日に事故が起こって相手が死んでしまったとか、そういうことがいっぱいあります。運、不運がいくらでも出てくる。だから、書いてあるとおりにものごとは絶対にいかない。しかし、書いてあるものがそのままずっといったとすれば、ということは書いてあるのです。それがそのようにはいかないというだけのことです。

ぼくも皆さんも、大体子どもから大人になっていく途中、青年時代にはとにかくお腹がすいて、物が食べたくなります。それで食べるから、ちゃんと大人になれるのです。しかしぼくは、皆様方の中に同じ年の方がいらっしゃると思いますが、戦争中でしたから、しかも東京に住んでいましたので、あんな町なかには食べ物がない。全く畑も何もないですから。本当に中学生の頃なんて、腹が減って腹が減ってしょうがないけれども、食べ物がない。中学の終わりのときに戦争が終わったのですが、その頃は闇市時代で、大学三年生ぐらいになった頃にやっと食べ物が出てきました。しかし、大学三年生といったらもうほとんど発育が終わっていますから、もう駄目です。どうもそういうことのおかげで、ぼくはその時には発育期にはどんどん食べるというプログラムを、そういう具合には具体化できなかったのです。しなかったというか、できなかったのです。

できなかった結果、どういうことになったかというと、どうも胃袋が小さくなったままみたいです。その後はもう、食べ物がいっぱい出てきても食べられません。若い人は皆さん、ワーッとたくさん食べているけれども、とてもあの半分も食べられないのです。

ぼくの身長は一七〇センチあるのですが、人間の男の体重は、一七〇センチあると大体七十キロになるそうです。それが大体人間という動物のプログラムらしいのですが、ぼくは六十キロを超えたことがありません。それ以上重くなったことがないのです。つまり食べていませんから、六十キロを超えないのです。そういう意味では、プログラムを完全に具体化しているということにはならないのです。それではまずいかといえば、まずいことだけではないのです。そのおかげで、太ったということが少しもないのです。

このごろ皆、太った、太ったと悩んでダイエットをしたりしますが、こちらはダイエットを強制的にさせられたわけですから、する必要なんか全くありませんでした。結局太れなかったし、太ったこともない。そうすると今度は、糖尿病だとか、腎臓だとか、太りすぎて心臓がとか、そういう目にまったく遭いません。非常に元気です。この元気さは、多分子どもの頃から若いときにプログラムの具体化が十分にはできなかったからだろうと思うのです。しかし、具体化が全然できなかったら、もうぼくは飢え死にしています。生きていたのだから、まあ何とかなったのですね。ぼくは今思っても、あんな腹が減ったときの気持ちというのはいまだに忘れません。そういう人生であったなとしか思えません。今さら元には戻れませんし。ただし、それは悪いことばかりではなかった、よかったなと思うときもあります。結局、人生のプログラム、遺伝的プログラムの具体化というのはそういうものではないかという気がします。

動物によって異なる遺伝的プログラム

いろいろな動物が、そういうふうにしてみんなプログラムを持っているわけです。例えば鳥のさえずりだけについて言いますと、実は鳥の種類によってみんな違うのです。学習に関するプログラムだけでも。例えばニワトリは、コケコッコーとオスが鬨《とき》の声を上げます。ある意味では、あれがニワトリのさえずりです。ところが、アメリカで日本人が実験しているのですが、ニワトリはコケコッコーというさえずりを学習する必要が全くないのです。オスのヒナが大人になって、鶏冠《とさか》がちゃんとなって、蹴爪《けづめ》が生えますと、自然にコケコッコーと歌えるのです。

なぜか、いろいろ考えてみますと、これはどうもこういうことらしい。ニワトリや、キジとかクジャクの仲間というのは、オスメスがいつも別々にいます。繁殖期だけ一緒に近づいてくるのです。そこでオスがメスにアプローチをして、メスがそれを選び、結果的に交尾をします。メスは交尾を済ませたら、あとはオスなんか要らないので、さっさとオスから離れていってしまいます。メスは独りで安全なところに巣を作り、卵を産みます。卵は受精卵なので、温めたら孵《かえ》ります。ヒナが孵ったら、その親鳥は独りで子育てしてしまいます。このヒナの中にはオスのヒナもいるわけですが、父親がどこにいるか分からないわけです。コケコッコーという声は父親が出すわけですから、父親のコケコッコーを聞いて学習しなさいというプログラムが組まれていたら、オスのヒナは大変です。昔から「母を訪ねて三千里」なんて言葉がありますが、

「父を訪ねて三千里」をやらなくてはいけなくなってしまうのです（笑）。それは無理なので、「大人になったらひとりでにちゃんと鳴けるようにしてあるよ」というプログラムになっているわけです。

飛ぶことについても、同じような例がいっぱいあります。例えばツルは地上に巣を作ります。卵を産んで、それが孵るとヒナが出てきます。そのヒナが親の後についてちょこちょこ歩く。だんだん翼が伸びてきます。あるところまで伸びてくると、ついそのヒナは飛びたくなるのです。十センチぐらい飛んで、ポッと落ちます。もともと地上を歩いていますから、十センチ飛んで落ちてもどうってことはない。次の日はまた二十センチぐらい飛んで落ちて、それをだんだん繰り返していくと、一メートルぐらい飛べるようになり、そのうちに五メートル、十メートルと飛んで、最後は日本海を越えてシベリアまで渡ってしまうのです。

ところが、何かの理由で飛ぶ練習ができない状態になっていたりすると、そのツルは飛べなくなってしまうのです。やはりちゃんと飛ぶ練習、学習はしなくてはいけない。ツルは、放っておいても親になったら飛べるのではない。ちゃんとこういう学習をしなさいという遺伝的プログラムになっているのです。

ところが、キツツキのような鳥は、高さ十メートルぐらいの木のうろに巣を作って、親がそこにえさを持ってきます。ヒナがだんだん大きくなると、うろから顔を出しますが、絶対に飛ぶという練習はしません。十メートルも高いところで、例えば二十センチぐらい飛べるときにちょっと飛ぶ学習をしてみようかというので、ちょっと飛んで落ちたら、それで終わりです。だから、そういうプログラムは組まれていない。むしろプログラムとしては、本当に飛べるようになるまでは絶対飛ぶなというプログラムが組まれているようです。

そういうふうに、いろいろな動物によって、その動物の生活のしかたによって、プログラムがみんな違うのです。そうすると気になるのは、ではわれわれ人間という動物は、どういう学習のプログラムを組まれた動物なのだろうかということです。これは今までどうもあまり真面目に考えられたことはないようです。

人間の遺伝的プログラムを考える

それで非常に気になったので、いろいろ考えてみたのです。これは全くぼくの想像だから、本当かうそか知りません。さっき言ったとおり、学者の言うことはうそが多いのです。人間という動物は、昔、一〇〇万年ぐらい前にアフリカでできたと言われています。しかも、アフリカの森林のゴリラとかチンパンジーというような類人猿の仲間と人間は大変よく似ていて、一緒にいたのだろうと。ところが、どういうわけか、人間は林や森を捨てて草原に出たということになっています。森の中は非常に安全なところで、木があるから隠れられますし、いろいろ果物はあるし、木には葉が茂っています。地上には柔らかい植物も生えて、タケノコとか何とか、いい食べ物がいっぱいあるのです。だから非常にいい環境です。

ところが、どういうわけか人間はそこから出てしまった。原っぱに出てみますと、さあこれは大変です。がんがんに日が照っているし、それに負けないように植物は葉っぱがパリパリだし、いろいろな獣がいますから、食われないようにトゲトゲだらけになっている。そんなところに柔らかいタケノコなんて生えてもしょうがないものですから、タケノコだってカチカチのやつしか生えないのです。果物なんかありません。そういう状態のところで、一体人間はどうして生きてきたのかという問題が一つです。

もう一つは、そのとき草原には、もう、ライオンとか、ヒョウとか、チーターとか、怖い動物がいっぱいいたはずです。そこへ人間がのこのこと出てきた。人間というのは本当に武器のない動物です。つめが鋭いわけではないでしょう。角があるわけではないでしょう。牙といったって、この歯ではどうしようもないですね。こんなに何にも武器がない動物が、怖いものだらけのところでよくぞ生き延びてきたなと、ぼくはそれが不思議でしょうがないのです。

どうして生き延びられたのか。いろいろな人類学の文献から調べてみますと、どうも人間はそのときに、一〇〇人とか二〇〇人とかいう相当大きな集団を作っていたように思えるのです。それが大きな洞穴か何かに住んでいて、集団として狩りをしたり、あるいは身を守ったりしていたみたいです。それでやっと生き延びてきた動物ではないかなという気がします。

同じようにチンパンジーも群れを作りますが、せいぜい二十頭ぐらいの群れです。それ以上大きくなると分裂が起こるみたいです。ゴリラは大きいですけれども、オスが一匹いて、メスが二〜三匹という小さい家族を作る動物です。人間みたいに一〇〇とか二〇〇などという大集団を作る類人猿は、まずいませんでした。

その大集団の中で生まれた人間の子どもはどうしたのか。両親がいて、周りにはそういう家族の集団がいっぱいいたのです。家族のプライバシーなんて、そんなものは多分なかったでしょう。生まれてしばらくして見ると、周りには自分の親もいるけれども、ほかのおじさん、おばさんとか、いっぱいいるわけです。それはみんなキャラクターが違う。いろいろなキャラクターの人がいるので、えらいきついのもいるし、優しいのもいる。男もいるし、女もいるし、年を取ったものもいる。兄さん姉さんぐらいのもいる。いろいろなのが周りにいて、その人たち同士がお互いにつきあっています。あまり喧嘩はしなかったと思います。そんなに喧嘩をしていたら、とても狩りなんて行けませんから。

多分そこで子どもは非常に好奇心を持って周りの人たちの様子を見ていて、男と男がつきあう時はどうやっているのか、女と女はどうやっているのか、男と女のときはどうやっているのかとか、若い男が少し年上の男に近づいていくときはどうしているのか、そういうことをずっとつぶさに見ていったのだと思うのです。そしてそれを学習していったのでしょう。

そして男の子たちは、やはり男の子ですから、狩りに付いていきたいと思ったでしょう。どういう言い方をしたか分かりませんけれども、まあとにかく狩りに付いていきたいと表明したときに、自分の親か周りのおじさんか知らないけれども、とにかく怒られて、「駄目だ、おまえなんか、まだ小さいから」と言われたかもしれません。しかし、あるところまでいったときには、「まあ、いいや。付いてこい」なんて言われます。

喜んで付いていって、初めて狩りに行って、多分男の子にしてみれば非常に楽しかった、うれしかったでしょう。見ていたら獲物が飛び出してきたので、「ワーッ」と叫んだりしたかもしれません。そうしたら、またどのおじさんかに「そんなどなるな。獲物が逃げちゃうじゃないか」と怒られます。そこでその男の子は、そうか、狩りに来たときには、獲物が出たからといってそんな大きな声で叫んではいけないのだということもすぐ分かり、それを学習します。そしてちゃんと一人前の狩人、一人前の石器時代人になっていくわけです。

女の子は狩りには行きません。お母さんたちについていって、どこに行ったらどういう植物があるかとか、小さな動物はどうやったら取れるかとかを知る。それもやはりすぐ覚えてしまうでしょう。そうして十五歳ぐらいになった時にはもうりっぱな一人前の石器時代人になっていて、若い男女がお互い好きになって子どもをつくっていたのでしょう。そうして人間がずっと今まで来たのではないかと思うのです。

多分人間という動物は、そういうふうに周りの全く違う人たちのしていることを見て、学習していくのです。教えられるのではなく、他の人がやっていることをこちらから見て、ああ、そうするのかと悟る。そういう動物ではないか。

これがネコになりますと、一匹の母親が育てますから、子ネコはほかの大人のネコは見ることがない。お手本は自分の母親しかないのです。だから、母親から全部学び取ってしまうようにプログラムされているようです。

人間はそうでなくて、母親から父親から、いろいろな周りの人々から、いろいろなものを取っていく。いろいろなキャラクターの人がいて、年齢的にも非常に複雑になっています。その複雑な中でどうやって生きていくかというのはいちばん大きな問題なのですが、それはこうやって学習していくようにプログラムができているのではないかと思うのです。

遺伝的プログラムに沿った生き方とは

ところが、それが間違ってきて、人間が育つときのしつけは家庭でやるべきだという話になったのです。これは随分前から言われていますが、きっとこれが大きな間違いの元だったのですね。要するに父親一人に母親一人です。どちらか二人いたら問題ですね。けれども、この一人の男というのは一〇〇人もいる男たちの中の一人ですから、絶対平均値的な人はいません。必ずどこかずれている。母親も、女としては絶対どこかずれている。ずれている男とずれている女が一人ずついて、それから何かを全部教わったら、ずれた子どもができてしまいます。だから、家庭教育というのはそういう意味では限度があるのです。

そういうときに、やはり周りにほかのおじさんとかおばさんとかいろいろな人がいて、いろいろなことを言ってくれて、場合によったら「だめだよ、そんなことしちゃ」とか言ったっていいのです。「こうしなさい」でもいい。とにかくいろいろな人からいろいろ言われたり、叱られたりして、ああ、そうしちゃいけないのかということを取っていく。それが大事なのではないか。どうも人間というのは、そういう学習のプログラム、遺伝的プログラムを組まれた動物みたいな気がするわけです。

ところが、現在のわれわれの生活というのは、それとは随分ずれています。非常に文明が進んでしまった。それでプライバシーを非常に大事に考える。これ自身は悪いことではないのだろうけれども。そして核家族になって、おじいさん、おばあさんは、じゃまだからどこか行ってくれというので出されている人がいっぱいいます。そういうふうにしてしまうと、おじいさん、おばあさんから学ぶことはできない。子どもがたくさんいると金がかかるし大変だからというので、一人っ子でいいということになると、自分の兄さん、姉さんというのもいないですから、もうちょっと大きくなったときにはどうしたらいいのかしらということを学ぶチャンスがない。去年まで私がどうしていたかを見る弟妹もいない。

学校の制度がピシッとできましたから、学校へ行くと同い年の子がそろっています。上下とは連絡はできない。先生はいるのですが、先生は、文部科学省から教師として何を教えなさいということばかり言われているのです。男の大人、あるいは女の大人として、若い人とつきあうようなことをやっていてはいけないのです。

そういうことになると、石器時代には実によく学習できたことが、ここまで文明が進んだら、ほとんど何も学習できなくなってしまっているのではないかという気がしてしょうがない。どうしたらいいか。今さら全部プライバシーをなくすとか、大部屋にしなさいとか、そういうわけにはいきません。それでは、どうしたらよいかをちゃんと考えなくてはいけないのです。

このごろ小学校なんかでも、町の大工のおじさんに来てもらって話を聞くとか、多少はいろいろなことをやっていますけれども、しかしそれも大工という職業の話を聞かせるのであって、技術教育に近いのです。本当に大事なことは技術教育ではなくて、人間と人間の関係をこちらが見ていて、ああするものだなということを自分で学び取ることだと思うのです。それをできるようにしなくてはいけないと思うのですが、どうしたらいいか。今、ぼく自身すぐに案はありませんが、やはりそれをやらなくてはいけないと思っています。そうなれば、人間の昔からの遺伝的プログラムに沿ったプログラムの具体化がやりやすくなるだろうと。

もしかすると、そのときに、とくに「教育熱心な」人だったら、プログラムがきちっと具体化されるためには、ああして、こうして、こういうカリキュラムを作って、と考えると思うのです。けれど、そういうものではないのです。人間のプログラムというのは、まさにプログラムであって、プログラムは決まっているけれども、現実に何が起こるか分からないのです。その何が起こるか分からないようなところを手探りで進んでいって、時には非常に運の悪い状況にも遭ったりするけれども、それにめげずにまた何とかする。さっきのぼくの健康の話ではないですが、場合によったら、そういう状況になったことがかえってよかったというふうに使えるかもしれない。

おわりに

プログラムとして見ればそうなっているわけで、ぼくは、食えなかったとか何とか言いながら、何とか大人になって、奥さんももらって子どもも作りましたから、するだけのことは一応してきました。その辺のプログラムは具体化しました。そして、そんなことをしているうちに年を取っていくというプログラムがだんだん具体化されてきて、どんどん年は取ってきます。それでもう数年たつと死ぬわけです。それももう大体決まっています。何年で死ぬかは分かりませんけれども。それだけが助けですね。あと三年五ヵ月なんてはっきりしたら困ってしまうのですが、そうではないからまだいいのです。しかし、とにかくいずれそうなることは明らかです。そういうときに、またためげたのでは駄目なのです。それが生きていくということなのでしょう。

人生いろいろな人がいて、非常に多様なものだから、そういう人に会っていろいろ話を聞くということがまた自分にとってもいいし、若い人を見てもいいわけです。こんな人もいるのか、こんな人生の人もいるのかということを知ることが、また逆にいろいろな意味を持ってくる。しかし、根本的に言うと、プログラムがやはりあって、その具体化を個人個人が一生懸命やっているわけです。それが生きるということなのだろうなと思っております。

お話としてはそれくらいにしておいて、あと二十分でも二十五分でもいいのですが、ご質問でもご意見でも、何でもいいです。

○質問　二点ばかり。一点めは、約一ヵ月前、マスメディアを賑わしましたが、シベリアのツンドラから、今までより完全なマンモスが発見されたわけですね。それが来年の愛知万博で展示されると。もしこのマンモスから遺伝子を取り出して、インド象かタイ象かは分かりませんけれども、どちらかにこれを交配していった場合に、どれぐらいの確率で本来のマンモスに近づくことができるのか。そして、もしこれが実現して、本来のマンモスだろうと思われるものに近づいた場合に、先ほどの先生のウグイスとニワトリの話ではないですが、鳴き声はどういうふうになるだろうかということが一点です。

もう一点。夫婦が結婚して子どもができますと、産婦人科に行きますよね。最近はよく超短波で、子どもが女であるとか男であるとか言います。妊娠して、ある一定期間を過ぎて初めて、男であるとか女であるとかはっきりするわけですが、これは悪い言葉で表現しますと、女にならなかったものが男であるということでないかと私は思うのです。動物の世界ではそういうこともあるのでしょうか。その二点をお教え願いたいと思います。

マンモスについてはＤＮＡからそういうことを盛んにやられていますが、結局、マンモスの相手をどこに持ってくるかですね。普通の象に持ってくると、象とマンモスのあいのこができてしまうわけでしょう。これはどんなものになるか、あまりよく分かりません。まだ誰もそれをやっていませんので。一応それを映画にしたのが例の「ジュラシック・パーク」です。しかし、あんなふうにいくものかどうかちょっとまだ分かりません。

声についても、声はどういうふうに遺伝しているかなんて全然分かっていないから、これはまだ分からないと思うのです。

それから、女か男かというときには、これはどちらとも言えるのですが、今までのところでは、要するに本来的な姿は女であって、男はそれにいろいろなものがくっついてということになっています。ただ、その言い方もぼくは本当かどうかよく分からないのです。

男にする遺伝子と女にする遺伝子がありますね。それがあっても、表現されてくるのには時間がかかる。でも、元は決まっているわけです。ところが、今度はそういうふうに男になる遺伝子を持っているのに、表向きは完全に女になってしまうというケースも分かっています。その辺のことは相当やはり複雑になっているようですね。ぼくはそれをいろいろ読んでいますが、何だか読むとだんだん分からなくなってきて困っているのです。だから、あまりちゃんとしたお返事ができませんが、そんなことでよろしいでしょうか。

○質問　一つお願いします。まだ私も男性の端くれなのですが、なぜ美しい女性に心魅かれるのかというのを教えていただきたいなと。目の前に二人の女性がおられたときに、やはり美しいほうに心魅かれてしまうというのはなぜでしょう。

例えばクジャクの場合ですと、いちばんきれいなオスのところに行くのです。今の解釈では、クジャクのオスがものすごくきれいになるためには、そのオスが丈夫でないといけないのです。体のひ弱なオスはそんなにきれいにはなれない。非常に丈夫であるオスは輝くばかりにきれいになる。メスは自分の子どもが増えてほしいわけですから、やはり丈夫なオスとの間に子どもをつくりたい。そうすると何が丈夫かといったときに、きれいであれば丈夫だろうということで、きれいなオスを選ぶということだろうと言われています。メスがオスを選ぶときにはそうやっています。とにかく最終的に丈夫なオスを選びたいのです。

カエルでもそうです。春先、田んぼでカエルが鳴いていますね。あれはやはりメスがオスを選ぶのです。オスはそのことを分かっていて、選ばれるために一生懸命鳴いているわけです。オタマジャクシからカエルになって、こんな小さなカエルがだんだん大きくなり、五年かそこら生きています。そうすると、ずっと年長のオスというのは長年生きてきたわけだし、その間いろいろ危険な目にも遭ったのをうまくかわしてきたわけですから、カエルなりに頭もいいのではないか。丈夫であるし。去年カエルになったばかりのオスは若くていいけれども、これから何年生きるかよく分かりません。メスはそういうのに賭けられません。映画女優みたいに、自分より年下の男をなんてことはしないのです。年長のオスを選びます。

そうやって選ぶときに、声でやっているのです。若いオスはキャッキャッと高い声しか出せないのです。そして年長の丈夫で大きくなったオスは、もっとしっかりした声でグワッグワッと鳴くそうです。メスはそういう声のところに行く。これが面白いのです。

まだ若くてキャッキャッとしか鳴けないオスは、どうして自分でそれを知っているのだか分かりませんが、すべての若いオスではなく、これは自分は鳴いてもだめだ、まともに勝負しても絶対勝てないと自分で分かってしまうオスがいて、そういうオスはもう鳴かないのです。それで、しっかりした声で鳴いていて、あそこにはきっとメスが来るだろうなと思われるオスのところにそっと後ろから行って、そのオスの後ろにじっと座っているのです。それで本当にそこにメスがピョンピョンと来ますと、後ろからその若いオスがパッと飛び乗ってメスを取ってしまう、間男戦術。だからそこで、うそをつくわけです。だましをしているわけです。自然はうそをつかないと言いますが、あれはうそです。

そんなことで、とにかく丈夫なオスを選びたいとメスは思っています。オスのほうも、そうなのではないかということで今議論があります。要するに、人間の男というのはとにかくきれいな女が好きなのです。これは世界じゅう、民族にかかわらずそうなのです。なぜだろうということは実は非常にまじめな問題です。

きれい、美人というものになりますと、文化によって、時代によって、美人の基準がありますから、これは分からないです。でも、肌が非常にきれいだとか、体つきがきれいだとか、これはやはり丈夫さの証拠でしょうね。丈夫なものを選んでいけば、子どもも丈夫なものが増えてくるという話ではないかという説明になっています。

○質問　大変面白い話、どうもありがとうございました。二点ほど教えてください。一つは遺伝的プログラムのことです。遺伝的プログラムと実際に具体化することとは必ずしも一致しないという話がありました。私も随分具体化しないことが多いなと今振り返っているのですけれども、具体化しなかったときにうまくカバーするようなプログラムというのは組み込まれていないのでしょうか。

それはないのではないでしょうか。そこをあまり考えると分からなくなるので、していませんけれども。一応、完全にプログラムがあって、それがきちんとしたもので、全部をちゃんと具体化しないと全然だめだというものではないだろうと思います。どこかで多少いろいろずれがあったりするのでしょうけれども、何とかなっていくという、そういうものではないかと思います。

時々、プログラムと言うと、「どうも私のプログラムは悪いらしくて」なんて言う人がいますが、そういうことはないのです。プログラムは本当に一つというか二本、要するに人間の男と、人間の女というプログラムがあるだけだと思っています。われわれは日本人ですね。だから、日本に生まれたわれわれ日本人としてみると、ぼくなら人間の男ですけれども、たまたま日本に生まれて、日本人の男として、そのプログラムを具体化していっているわけです。

例えば、ぼくは日本語をしゃべっています。けれども、ぼくがもしもイギリスに生まれていたとすれば、今ごろはべらべら英語をしゃべっているはずです。その代わり日本語は全く分からないでしょう。それでもそれは一人の男だと思います。当然、女も英語で口説くわけです。そういう具合に具体化されていくと、それはよかったかという話になると、これはまたちょっとよく分かりません。

○質問　とすると、具体化しなかったことが、人の多様な面を生み出しているという面白さにもつながっているのでしょうか。

そう思います。それがよかったか悪かったかというと、例えばぼくなんかの場合は食べ物がなかったので、もうちょっと太って体が大きくなって頑丈になっていればよかったのでしょう。そういうふうになっていたら、もっともてたかもしれないから別の女性を手に入れたかもしれない。けれども、そうではなかった。でも、それは今更どうしようもないのです。そういうふうなことも、ある種の面白さだと思うしかないのではないか。だから、プログラムなんていう言葉を使っているのです。

○質問　もう一点は、学習の終了時期の件です。ウグイスの事例で、ある学習を開始する時期はプログラムで決まっていると。終了する時期も決まっているようで、その時期を過ぎるともうだめですよね。人間の学習の終了時期に関して何か特徴的なものがあるのか、ないのか。個人差もあるようですけれども、その辺をお聞かせいただきたいと思います。

ウグイスの場合ですと、終了時期が割と早いのです。親がヒナを育てている間はオスが縄張り宣言をしていますから、鳴いているわけです。それで、育ちが終わると縄張り宣言をしなくなってしまいますから、お手本が消えてしまうわけです。だから、そうなったらどうしようもないというので終わりが決まってくるのです。

一時それが非常にストレートに言われたことがありまして、人間でも、例えば満一歳までの間に親がついていてちゃんとやらないといけないなんてことがはやりましたね。そうすると、もう本当にそのお母さんは子どもが生まれたら即刻その日には仕事を辞めて、ずっと赤ん坊と一緒にいて、満一歳になったら次の日に再就職をしていました。そんなものではない。大体の時期が決まっているだけです。

ただし、人間の場合には関係が非常に複雑です。しかも職業なんていうものがあります。職業によって、またいろいろな違いがあるでしょう。それが人間の面白さにもなっているのです。そうするとやはり、いつ学習が終わるかとか、それ以上は学習しないとか、そういうことはないのではないだろうかと思います。だから、どんどんいくつになっても学習するのではないでしょうか。中にはどこかをとばしてきてしまって、「今ごろそんなことがどうして分からないの」なんて言われている人もいますが、それもまあ、ある意味では面白いことかもしれません。相当はた迷惑な人もいますけれども。多分、石器時代にはそうはならなかったのではないかと思います。

昔、滋賀県立大学にいたときに「石器時代としての大学」ということを言いまして、そうするとみんな「ああ、そうですね。大学というのは古いですからね」なんて。そうではなくて、大学に入ると十八歳から二十二歳、大学院になるともうちょっと上までいきますが、そのころというのは大体人間が大人になって、大人として人とつきあうことを始める時期です。そうすると、例えば昔だったら十八歳になったときに、高校生でまだ男の経験もしたことのない女の子もいるだろうし、女の経験のない男もいるでしょう。でも、二十二~三歳になるまでには上級生がそういうのを大体知っていますから、話を聞かせてくれるので、分かるわけです。それは非常に大事なことなのです。そういう機会が四年の間には出てくる。大学院生がいればもっとそうなる。

先生もいるけれども、小学校の先生とはもう少し違ったつきあい方をしますから、男の大人、女の大人というつきあいができるのです。事務官もいます。事務官のほうも、よほど官僚的な人は別にして、もう少し学生とは人間としてつきあいます。そうすると、四年制大学というのは随分いろいろな人がいるので、相当に石器時代の状況に似たところがある。だから、四年制大学に入ることのいちばん大きな価値はそれだという言い方をしたのです。

例えば工学部に入って、技術を四年間教わります。ところが、この技術革新の時代だから、四年間ずっと教わって、これで就職したらすぐ使えると思ったら、もうその技術は全く使われてないこともありうるわけです。でも、人とのつきあい方をどうするという話はそんなことはありませんから、やはり一番大事なことはそれだと。それで、先生の講義なんか適当に聞いておけ、そんなことは後で本を読めば分かると、そういうような話を一生懸命していました。

やはりそれはきっと大事なことなのですね。それは高校まではないですから、大学で急いでやらなくてはいけないという意味で。もう一つは、そういうことを言うことによって、滋賀県立大学に学生がなるべく来てほしかったから、宣伝でもあります（笑）。

○質問　人間は笑うのですが、動物は全然笑わないですね。人間の笑いはいつから始まったのでしょうか。社会的にどう影響するのでしょうか。

それはずっと前から問題にされています。例えばチンパンジーがどうするこうするという話がよくありますね。けれども、人間のような笑いというのは、どうもほとんど他の動物にはない。なぜそうなったかというのはよく分からないのですが、多分やはり相当に複雑な感情の伝え合いをしないと人間関係がうまくいかないという動物ですから、いきなり口を開いてカーッという程度の話では済まない。それがもうちょっと、薄笑いとか、いろいろな笑いになっていったのではないかということになっているみたいです。

　ぼくが聞いていて面白いなと思ったのは、笑いには二通りありますね。日本語でいう「笑い」と「微笑」、英語で言う「ラーフ」と「スマイル」。これは全く違うものだということです。本当の「笑い」というのは、実は攻撃なのだという話です。何か見ていて「アハハ」と笑っているのは、相手をばかにしている。「微笑」というのは、相手に対する友好感を示します。

　例えば知らない人とすれ違ったときに、にっこりほほ笑めば向こうもにっこりほほ笑んでスッと行きます。通り過ぎるときに「アハハ」と笑ったらどうなりますか。「何だ、おまえ」という話に多分なります。その「笑い」と「微笑」というのはすごく違うのだという話でした。ところが、例えば落語家が、熊さん・八っさんの話をします。そうするとみんながどっと笑う。あの笑いが攻撃だとすると、どこに向かっているのか。落語家に向かっているわけではないですね。たぶん話の中の熊さん八っさんか、どちらかに向かって、あほだと言うので笑っているのだろうと思うのです。例えばぼくが何かしゃべって皆さんがどっと笑いになると、これはぼくがばかにされているのかというと、そういうことではないはずなのです。

しかし、「笑い」と「微笑」というのは、片一方は「微」ですから、かすかな笑いは友好的ですが、かすかではない笑いは攻撃的だと言われると、よく分からない。それ以後、笑いの研究に関してはあまり書かれた論文もありませんので、よく分からないままでおります。

話も質問もまだ尽きないわけですが、時間になりましたのでこのあたりで終わることにします。どうもありがとうございました。（拍手）

利己的遺伝子と文化

［一九九九年十一月十八日、愛知県芸術文化センターでの講演］

皆さん、こんばんは。たくさんおいで頂きましてありがとうございます。こういうところでお話をする機会を与えてもらいましてたいへんうれしく思います。

今ご紹介を頂きましたように、ぼくは動物行動学ということをずっとやってまいりました。京都大学を定年後、滋賀県立大学の学長をやれという話があったんですが、学長だけやるというのでは非常につまらない。動物行動学という学問はちょっと変わった学問ですけれども、非常に面白いものの見方の転換がありますので、そんな話をしたいということ。それから、二十世紀には人間は、自分たちが非常に偉い、高尚な存在だと思ってきて、でもそれにしてはいつになっても戦争はなくならないし、どうも世の中ちっともまともな話が出てこないので、なんでやねんということをそろそろ考えないといけないということ。それで動物行動学を中心にして、人間も含めての講義をしましょうということになりました。講義をしている人間がたまたま学長になるということはそれほどおかしな話じゃないから、ということがひとつ。もうひとつはそんなことでもしていないと、学長というのは学生から見て全く関係がない、非常に孤独な存在になりますので、それはいやだからという理由です。今そういう意味では、学生たちもたいへん面白がっているようです。

今日はどんな話にしましょうかということで、結局は「利己的遺伝子と文化」というちょっと変なタイトルにいたしました。利己的遺伝子という言葉は皆さんよくご存知だと思うんですが、これはしばしば誤解がありましてね。利己的遺伝子という遺伝子があると思っている人が非常に多いのです。さらにちょっと勉強した学生、特に医学部の学生ですと、「利己的遺伝子というのは、どういう塩基配列をした遺伝子なんですか」と聞く。そういうようなことじゃないんですよ、という話をまずしなければいけないんです。

この利己的遺伝子というのは、リチャード・ドーキンスが『利己的な遺伝子（*The Selfish Gene*）』という本を書きまして、それで一躍有名になったものですが、そのもともとと言うのは結局動物行動学の発展から出てきたことなんです。

動物行動学、エソロジー（Ethology）という学問は、皆さんご存知の方が多いと思いますが、『ソロモンの指環』という本を書いたオーストリアのコンラート・ローレンツだとか、あるいはオランダ生まれでイギリスに帰化し、その後イギリスでずっと活躍していたニコ・ティンバーゲンとか、そういう人々がずっと動物の行動というのはいったい何だということを研究して、そこから出てきたものなのです。

動物たちの行動とはなんぞやと。動物たちはオスがメスのところへ行って口説いてみたり、オスとオスが喧嘩をしてみたり、あるいはセックスをして子どもを産んだり、生まれた子どもを育てたり、そのために巣を作ったりとか、いろんなことをしています。そういう行動というのはいろいろあって、昔から皆さん面白がって見ているわけですが、いったいそれは何なんだということですね。

何なのだということは、まず、どういうきっかけでそういうことが起こるんだろうということです。クジャクのオスがメスの前へ行ってきれいな羽根を広げて見せます。いわゆるディスプレイですが、クジャクは別に人間の前でするわけじゃないし、ニワトリの前でするわけでもない。クジャクのメスが来ないとやらないわけです。ということは、クジャクのメスというのはクジャクのオスから見ると、ああいう行動をぱっと引き起こすような何か信号を持っているということなんです。そういう仕組みやメカニズムは、何なのだろうという問題ですね。

それから、あの行動は確かにディスプレイで、ちょっと見るとオスがメスに自分がすばらしいぞと見せてメスを誘っているように見えるんですが、本当にそうなのかという議論がありました。

実際には、初めのうちは非常に単純に、あれはオスがメスを誘惑するということだったんですが、見ているとメスがそう簡単に誘惑されているようではない。だからコミュニケーションであるということになった。三十年ぐらい前はコミュニケーション論が盛んになった時代です。あれはクジャクのオスが羽根を広げることによって、自分はクジャクという種の鳥のオスである、そしておまえに性的関心を持っているという情報を伝えているんだというんです。ビット数でいうと何ビットであるとか、そういう計算もされたりしました。

だけどクジャクのオスはそんなややこしい情報をメスに伝えているんだろうかという疑問が出てきました。早い話が、要するにオスにしてみたら、情報をいちいち伝えるより、「とにかくおまえ、おれのところに来て、おれとつがえ！」と言っているだけの話ではないか。これは「来い」といって相手を操作しているのであって、情報伝達とかそういう問題じゃないだろうということになったりしました。どうもコミュニケーションではなくてマニピュレーション、つまり操作であると考えられたわけです。そうなると確かにそうかもしれない。

そのうちに、メスというのは、オスがきれいな羽根を見せても、ついそれにほろりとなるほど甘いものではないということがだんだん分かってきました。実際クジャクを見ていますと、オスがメスの前でぱーっと羽根を広げると、メスはそれを冷たくじーっと見て、それですーっと行っちゃいます。それでまた次のオスの前に行き次のオスがまた一生懸命やっていると、それを冷たくじーっと見て行っちゃう。五～六羽見て、一応品定めをしているらしい。それで最後に何番目かのオスのところへ戻ってきてそのオスとつがうんですね。そうするとオスはただ見せているけれど、メスは選んでいるんだろうという話になります。

なんでオスのクジャクがメスの前で羽根を広げる行動をとるのか、なかなか分かったようで実はよく分からない。

それからさらにクジャクのヒナが生まれた時には、そのヒナはまだ羽根も生えていないし、オスだメスだと言ったって、オスのヒナがメスのヒナの前でぱーっと羽根を広げるなんてことはないんです。ところが大人になるとちゃんとそういうことをするんです。それは大きくなれば自然にやるのか、それとも学習するのかという問題が出てきます。

これは人間だって同じことですね。ぼくを含めて皆さん方、お生まれになった時は、そう言っては何ですがどうしようもない赤ん坊だったわけですよ。それがちゃんと大きくなってくると、みんなご立派になられていろんな仕事をされているわけです。それでは放っておくとちゃんと大きくなるのかと言うとそうでもなくて、なかなかちっとも大人になれないような人もいます。そういうのはなんなんだと。要するに行動の発達の問題というのがあります。

それから、行動の進化という問題があります。ゾウの鼻が何万年もの間にだんだん進化して長くなったというのは、分かるような気がするんですけれど、行動の進化はどういうふうにしたら起こるのか。

こういういろいろな問題を研究するのが動物行動学だということになっています。

そもそも動物たちは、何のために生きているのでしょうか。ローレンツが考えていたことは、動物たちは自分の種族の維持のため、ライオンならライオンという種族が絶えないように、一生懸命やっているんだということです。

例えば一匹一匹は寿命がありますから、自分が死ぬ前にちゃんと子どもを作って育て上げておかないと種族は絶えてしまいます。そこでオスは一生懸命メスを探して口説いて、そしてメスもそれにのって、子どもを産んでその子どもを一生懸命育て上げてということをやっているわけですね。そのために非常に努力をしている。その努力の結果として種族が維持されているんだというわけです。

ところが種族の維持のためには、子どもを産んで増やしていけばいいという簡単なことではなくて、そこにはいろいろと条件があります。あんまり増え過ぎちゃいけない。食物は食い尽くすだろうし、土地は汚染するだろうし、伝染病でも流行ったら皆やられてしまうだろう。だから人口調節はしなければいけないだろう。

生まれた子どもは種族の次の世代を担うために大事ですし、所詮子どもですから皆が大事にしなければいけない。それで動物の子どもたちは大変かわいいのです。大人たちは、たとえ自分が親じゃなくてもその子どもを大事にして、例えば多少いたずらをしてもあんまり厳しい折檻はしないというように、皆で子どもを守っているんだという話になってきました。

また、オスは縄張りをちゃんと持っていないとメスが来てくれないから縄張りを取る必要がある。そのためにはオス同士の闘争が必要になります。その時にいちいち相手のオスを殺していたんでは、あっという間にオスの数が減ってしまうので種族は維持できなくなるだろう。そうするとやっぱり殺し合いはしてはならん。闘争をして勝ち負けを決める必要はあるけれど殺してはいけない、ということになるんですね。

動物たちにしてみると、本当は殺したいと思う奴がいるだろうと思うんですよ。長い、すっごい角がはえたガゼルがアフリカにいます。あのすごい角で相手の横腹を刺したら相手は絶対死ぬわけです。こちらとしては、縄張りは取れるしメスは来るし、本当はしたいだろうと思うのですが絶対にしないですね。角を絡み合わせてただ押し合いへし合いだけして、角で刺すことはしない。そばから見たらまだるっこいんですが、でもそういうことをやっている。なぜかというとそれは殺し合いをしたら種族が滅びてしまうからだということなんですね。

そんな具合で、動物たちには種族を維持するためのいろんな掟みたいなものがあって、それにしたがって個体は一生懸命努力して種族を維持しているんだと、こういうことになっていました。その掟みたいなものは、自然の知恵ともいうべきものだという話になっていました。

ところが、一九六〇年代の終わりぐらいから、いろいろな変なことが分かってきたのです。

皆さんはよくご存知だと思いますが、犬山市に京都大学霊長類研究所があります。そこの所長を一九九九年三月までされていた杉山幸丸先生が、まだ先生になる以前、大学院生の時にインドに行って、ハヌマンヤセザルというサルの社会を研究されていたんですね。ニホンザルには集団があって、そこにはボスがいるんですが、ハヌマンヤセザルはそうではなくて、ハーレムを作っているんだということが分かりました。

要するに一匹のオスが五〜六頭のメスを従えて、このオスザルがハーレムのメスたち全部とつがって自分の子どもを産ませています。だからメスたちは皆一匹ずつ子どもを持っている。わりと小さいサルですから二年もすれば大きくなり、その子どもが大人になると、オスは当然メスがほしいわけです。

そしてそのへんをうろつきまわっているうちに他のハーレムを見つける。どうもあのハーレムの主は多少年を取っているんじゃないかなと思うんでしょうか、それを襲って、すごい血みどろの闘争をして、ひどい時には大怪我をさせて追い払っちゃう。それでハーレムを乗っ取り、メスたちを全部手に入れる。

ところがハーレムを乗っ取ったそのオスザルがまず何をするかというと、そのハーレムのメスザルが持っている子どもザルに噛みついて大怪我させる。そうすると不思議なことに、母親ザルは大怪我した子どもをいたわったりしないで放り出しちゃう。それで、結果的にみんな死ぬ。そうやってオスザルは次々に子どもを全部殺してしまいます。それを杉山先生は観察したわけです。

同類同士で殺し合いをしてはならない、子どもは大人が皆で守る、そうしないと種族が維持できないというのに、全くそれに反することをしているわけです。そこで、これはきっとハヌマンヤセザルの数がちょっと増えすぎて、子どもたちを少し殺して人口調節をしようとしたのかもしれない、と杉山先生は思ったそうです。

ところが自分の子どもを殺されたメスはやがて発情して、そのオスザルを受け入れるようになるのです。それまではオスザルが近づいて行っても怒って追っ払っていたのですが、子どもを殺されますとオスを受け入れて、そのオスザルの子どもを産むんですよ。そうすると結局前と同じ数の子どもがまた生まれてきますから、人口は全然減らない。それで杉山先生はわけが分からなくなってしまったのです。

それがこの時一回だけの話じゃなくて、群の乗っ取りが起こると必ず子殺しが起こって、それで新しく子どもが生まれるんですね。それを何回も見ているんです。

杉山先生はそれを国際会議で発表されたそうです。当時動物たちは種族維持のために生きていると思われていましたから、それはどういうことだ、種族維持に反する話じゃないかと、大変評判が悪かったんだそうです。

ところが、アフリカのライオンの研究をしているイギリス人が、実はライオンでも全く同じことが起きるんだと言ったんですね。群の乗っ取りが起こると、乗っ取ったオスはメスが持っている子どもをみんな殺すんだそうです。そういう変なことをする奴がやっぱりいるらしい。それまでは、動物は種族維持のために同類殺しはしないし、子どもは大事にする、と言われていて、なるほどそうかとみんな見ていました。ところが、インドのサルやアフリカのライオンのように変なことをやっているのがいますよ、と言われるとほほーっとなる。それで、どうもおかしいなと思って見ているとやっぱり変なのが存在して、いやぼくが研究している何とかという動物もそうなんだよという話になるんですね。物の見方というのはそういうものでして、どうも動物たちはそんな変なことを実際にやっているらしいということになってきました。

それで、動物たちは種族維持ということを考えていないのではないかということになりました。じゃあ動物たちは何を考えているんだろう。結局ハヌマンヤセザルにしてもライオンにしても、乗っ取ったオスから見るとメスは手に入れたけれども、そのメスたちは子どもを育てている。その子どもは、確かにハヌマンヤセザルなりライオンなりという種族の次の世代を担う大事な子どもですが、乗っ取ったオスから見ると自分とは縁もゆかりもない他の男が産ませた子どもなんですね。そんなのを育てるために自分が一生懸命努力をするというのは何かあほみたいだ。しかもその子どもを育てている限り、メスたちは絶対自分の言いなりになってくれないから、メスは手に入れたけれど何もできない。そんなあほなことはあるかいというところでしょう。オスがそのメスとちゃんとセックスをして満足を得て、かつ自分の子孫を残すことをしたかったら、子どもを殺す以外にないわけです。それで殺しているんじゃないか、というふうに考えられる。

そう思って他の動物を見ていきますと、皆そういうことをやっているとしか思えなくなってきました。結局みんな自分の血のつながった子孫をたくさん残したいと思っている。同じ種族の子どもであっても、他の男が産ませた子どもなんかどうでもいいんです。自分の子どもを残すのにじゃまになるのなら殺しちゃったらいいという、なんだか凄まじい世界なんだということが分かってきました。

そういうふうに見ると、どうも今までローレンツたちが言っていたような美しい世界ではないのではないかとなってきたわけです。

そのへんで、進化論で有名なチャールズ・ダーウィンの言っていることと、この話は実はつながるのだとすぐに分かりました。ダーウィンは『種の起源』を書いて、進化論を唱えました。『種の起源』という本の名前は皆さん全員ご存知だと思います。非常に有名な本です。ダーウィンと言ったら『種の起源』。進化論といったら『種の起源』。ただしあの本をちゃんと読まれた方はほとんどいらっしゃらないと思います。あの本はほとんど誰も読んでいない、しかし誰もが名前を知っている名著なんですね。

そういう本の中でダーウィンが言っていることの一番根幹は何かというと、要するによりよく適応した個体はより多く子孫を残すであろうということです。そうするとそのような特徴を持った個体が増えていくので、種はだんだんその方向に変わっていくであろう。するとある時期が来ると今までの種より、よりよく適応した新しい種が誕生するだろう。このようにして進化は起こるのであるということです。それが『種の起源』の一番根幹です。

これはだいぶ長ったらしい話なので、ハーバート・スペンサーという人が、それを言い換えて「適者生存」という言葉を作った。この言葉も世界中に広がっていったので、皆さんよくご存知の言葉です。

けれどこれはダーウィンの言ったこととちょっと違うんですね。ダーウィンは適者は生き残るとは言っていない。ダーウィンは適者多産、つまり適者はたくさん子を残すと言ったんです。適者がただじーっと何もしないで延々と八十歳まで生きていても進化は起こらないんですよ。進化が起こるためには子どもをたくさん残さなければいかん、ということになります。よりよく適応した個体はより多く子孫を残すであろうという言葉を裏返しに取りますと、より多く自分の子孫を残し得た個体は、それだけよりよく適応していたことになるのではないか、というふうになります。それで適応度という概念ができました。

つまりオスでもメスでもいいんですが、ある一匹の個体がいて、その個体が自分と血のつながった、自分の遺伝子を持った子孫をどれだけたくさん残したか。子どもだけではなくて、その子どもがさらに産んだ孫まで全部数えることができるかどうかは問題ですが、無理して数えてみると分かります。自然界では、ちっとも自分の子どもを残していない個体があります。しかしやたらに多くの子どもを残している個体もあります。そういう個体は適応度が高いということになります。それだけよりよく適応していたということになるんでしょう。

よりよく適応したというのは、暑いところに耐えるとか、寒いところに耐えるとかそれだけの話ではなくてそれ以上に、メスにもてるとか、オスにもてるとか、そういうことも全部絡まっているわけです。そういうふうにしてとにかく自分の子孫をどれくらい残し得たかということをもって、その個体の適応度と呼ぶことになりました。こうして適応度（英語ではフィットネス）という概念ができた。

この言葉を使いますと、動物たちは種族維持のためではなくて、自分自身の適応度をできるだけ高めようと努力している。動物たちの世界というのは、そのために場合によっては他人の子どもを殺しちゃってもかまわない世界なんだ、ということになりました。

そういう概念が定着したのが六〇年代の終わりから七〇年代の初めぐらいです。そうなってみると、これはつまりシェア争いじゃないかということになるんですね。

例えばある一定の広さの草地があったとして、その草の生え方からいうと、ウサギが二十匹は住めるとします。その二十匹のウサギが子どもを残すと、次の代も二十匹の子どもが住めるわけです。その親が考えていることは、次の代にここに住むであろう二十匹のウサギのうち、何パーセントが自分の血のつながった子孫でありうるかということなんです。そのシェアをできるだけ高めたいということです。

これは例えばビール会社のシェア争いと全く同じです。企業戦略だとか経営戦略だとか販売戦略だとか市場戦略だとか宣伝戦略だとか、いろんなことをやったり、あるいは商品を新しく作ったりしている。企業はそうやって、必死になってシェア争いをやっている。動物たちも実はシェア争いをやっている。ただ動物たちは自分の子どもの数でシェア争いをやっていますので、販売戦略ではなくて、繁殖戦略を立てているわけです。

これはオスとメスで根本的に食い違っています。オスは自分で子どもを産みませんから、オスが自分の血のつながった子孫をできるだけたくさん残したかったら、できるだけたくさんのメスに自分の子どもを産ませることが基本戦略になります。ですからオスは一般的にメスを数でこなしているところがあるんですね。これはあらゆる動物が同じことをやっています。

人間の場合も、男の人は一般的に女の人に関心があります。パーティなんかで女の人がいると、別に関係なくても男の人はなんだかんだ言ってそばで挨拶をしたりしています。それは女の人を大切にするとか、エチケットがどうとか、そういう問題じゃないんです。もっと下心に近い話であって、結局自分の子孫を残す可能性をとっているんですね。それでいちいち子どもを作っちゃいますと、すごいコストがかかりますから、それはやっぱり計算してそうやたらにはしないんです。しかし可能性だけは残すために女の人に近づいていく。

これは逆に言うと、メスのほうの戦略でもあるんです。メスにとってみると自分が産んだ子どもは絶対に自分の子どもです。だから自分の遺伝子を持っています。この子どもがちゃんと育って孫を作ってくれると自分の適応度が高まる。だから自分の子どもを一生懸命育てるわけです。

ところがオスのほうは悲惨なもので、自分のメスが産んだ子どもが自分の子どもであるかどうか本当は分からないですね。自分の奥さんを一応信じていますけれど、本当は分からないんです。だから病院で赤ちゃんが生まれたとします。その時札幌かなんかに出張している旦那に赤ちゃんが生まれたよ、と電話がかかってきて、すっとんで帰って病院で赤ちゃんに対面します。看護婦さんが赤ちゃんを抱いてきて「お父さん似ですね」という。似ていてもいなくても構わないんです。そう言うことになっている。えらい素直な看護婦さんがいて、なんだかお父さんにあまり似てらっしゃいませんね、なんて言ったら、これは大変なことになってしまう。でもお母さんには似ていても似ていなくても、赤ちゃん取り違え事件がない限りは絶対その人の子どもなんです。だからメスのほうはそういう強みがあるわけです。そうすると、強みがあるばかりにメスがその子どもを育てる義務を引き受けちゃうようになってますね。人間でも女はみんなおっぱいがあって哺乳ができますが、男はおっぱいは格好だけで哺乳ができない、育てられないんです。

だから今、男女共同参画型社会を目指してとかと地方自治体が盛んにやっていますが、そう簡単にいくものじゃないんですね。男のほうにしてみると、自分の子どもかどうかよく分からない子どもを、一生懸命育てたからといって適応度が高まるかどうか、本当は分からないわけです。そんな子どもに手をかけるよりは、他のメスのところに行くほうがそういう意味では正しいやり方なんです。だから一般的に男はやっぱりそういう筋で動いています。バーに行くのもやっぱり男だし、そこでバーのマダムとかホステスさんと話をしているのも男です。何かしようというわけではないけれど、可能性はちょっと高まる。子どもをお風呂に入れたり何かするよりそっちの方がいいんです。と言うと、学問的に男の浮気を推奨するとか言われるんですが、とにかくそういう意味では本当にそんなふうなことになっているんです。

一方メスのほうは、自分の子どもを育てなくちゃいけない。そのためにはいろいろと手が掛かります。餌は採ってこないといけないし、いい縄張りがないと育てにくいし、いろんなことがある。メスは自分だけで子どもは産めませんから、オスが一匹は必要なんですが、オスと違って関わったオスの数だけ子どもが産めるわけじゃないんです。人間でも、夫とボーイフレンドを持っていても子どもができる時は一人です。双子を産む人はいますが、全然別の理由で生まれているわけで、双子を産んだ奥さんが不倫をしていたということではないわけです。

メスは数でこなすことができないので、いいオスを一匹選べばいいことになります。どれがいいオスかを選ぶのは大変です。メスのほうは、オスを選ぶ時に一週間に一匹ずつ来てくれたりすると困るんですね。なんだか先々週あたりに来たオスが良かったなんて思っても、そのオスは今どこに行ったか分からない。それよりもメスのまわりにオスが一挙に集まってきて、みんなで見せてくれると、こいつがいいって選べる。この方がありがたい。

その時に何をもっていいとするかが一番問題ですね。強いオスだとかいい縄張りを持っているとか。人間でしたら「三高」と言われる、収入が高いこと、これはいい縄張りと関係がありますね。それから背が高いというのは、たぶん背が高いほうが餌を採ったりするのにいいんでしょう。普通の動物たちは、とにかく丈夫なオスを選びます。丈夫なオスは体もでっかいだろうし、力もあるでしょうし、結局いい縄張りも取ってくるでしょう。丈夫なオスとの間に子どもを作っておくとその子どもも丈夫だから、例えば十匹産むんだったら十匹歩留りよくみんな育つだろうと思うわけです。その中のオスの子どももやっぱり丈夫でしょうから、またメスに選ばれてどんどん孫が増える。そうすると自分の適用度が高まる。だから丈夫なオスを選ぶんです。

結局動物たちは必死でそういうことをやっているわけです。オスのほうはとにかくメスの前に行って、俺はすごいだろうと見せなきゃいかん。メスのほうはそれを冷たくじーっと見て、フィーメール・チョイス、メスによる選択と言うんですが、こいつが一番丈夫そうだというのを選ぶんですね。

カエルでもそうです。春から夏にかけてカエルがたんぼで鳴いているのを、のどかなたんぼのコーラスと言う人がいますが、あれは全然のどかなものじゃありません。カエルのメスもできるだけ丈夫なオスを選びたいと思っていて、何で選ぶかというとオスの鳴き声なんです。カエルは、オタマジャクシからカエルになってそののち大体五〜六年生きています。去年カエルになったばかりのオスというのは、まだ小っちゃくて、若いかもしれないけれど、キャッキャッキャとしか鳴けない。ところが五〜六年も経ったオスになりますと、体も大きいし、しっかりした声でギャッギャッギャと鳴く。メスはそういうのを選ぶんです。

たんぼでカエルが鳴いていますと、メスはたんぼのあぜ道に坐って聞いていますよ。それであいつ、という所へぴょんぴょんと行く。オスのほうはとにかく鳴かなきゃいかんです。日本のカエルはそういう意味では割と安全みたいですが、アメリカあたりではカエル食いコウモリなんて変なコウモリがおり、あまり目が見えませんからカエルの鳴き声でもって居場所を探し、カエルを捕まえて食っちゃうんです。ですからカエルもあんまり大きな声で鳴いていますと、コウモリに食われてしまうんです。じゃあ危険だからと黙っていると、絶対メスに選ばれません。そこで寅さんみたいな男はつらいよの世界ができてくるわけですが、とにかくそういうことをやっているのがカエルのコーラスなんですよ。

メスみたいなふりをして他のオスが採った獲物をもらいにいくというのもいます。ガガンボモドキという昆虫です。この虫のオスは獲物を捕ると、匂いを出してメスが来るのを待ちます。そしてその贈り物を渡す。メスがそれを味わって、うんこれはうまいということになるとオスにセックスを許すわけですね。ちゃんとした獲物を渡しますと、メスは長い間それを食べていますから、オスは十分に射精するまでセックスが出来て、子孫が残せるのです。

ただ大きな獲物を捕まえるのは危険もあって大変ですから、小さくて手に入りやすいもの、つまりダイヤモンドでなくてガラス玉ですませたりしますと、メスはまあねって顔をしてちょっとはさせてくれるんですが、途中でやめて行っちゃうんです。そうすると、オスのほうは獲物を捕まえるのにコストはかけたわ、しばらくじっと待っているのに時間はかけたわ、セックスをするのにエネルギーは使ったわ、途中でやめられちゃって自分の子孫は残せないわ、というわけです。だからでっかいのを捕まえなきゃいかん。

しかしこれはリスクがあるので、自分じゃ捕らないで、誰かがいいのを捕るのを待っているという変なオスが出てきます。獲物を捕えたオスが匂いを出して、さあメスが来るぞ来るぞと期待しているところへ、この悪いオスがメスのふりをして近づくわけです。そうすると正直者のオスは期待していますからね、つい騙《だま》される。大切な獲物を悪いオスにほっと渡しちゃう。さあこれでと思ったら、さっと持っていかれ、それでお終い。その後、この悪いオスは盗んだ獲物を持ってメスのところへ行く。そういう騙しをする奴がいっぱいいるんです。

「人間はうそをつくし人を騙す、しかし自然はうそをつかない」という話があるんですが、これは大うそであって、自然は、さっきも言ったように子殺しもするし、騙しと殺しと盗みもする凄まじい世界なんです。結局、動物たちはみんな、なんとかして自分の血のつながった子孫をできるだけたくさん残そうとしているんですね。

だけどなぜそういうことをするんだろう。われわれは適応度を高めるとか、適応度増大とか、自分の遺伝子を残すとかいうんですが、動物たちは遺伝子という概念も知らないし、適応度も知らないわけですね。にもかかわらず適応度増大になることをちゃんとやっているわけです。誰かがやらせているんだと思いますね。誰がそういうことをやらせるんだということになるのです。一番簡単な答えは、それは神様がと言えば済むんですが、自然科学は神様を持ち出すのは嫌っていますので、神様は持ち出せない。じゃあ誰がやらせるんだということになる。それはやっぱり遺伝子じゃないかという話になるわけですね。

例えばぼくの中にも遺伝子がある。皆さんにも遺伝子がある。その遺伝子は何十万あるか知りませんけれど、髪の毛を生やす遺伝子から色を黒くするとか、目の色をどうするとかいろんなのがあるし、細胞を作る、タンパク質を作る、ミトコンドリアを作るとかいろんな遺伝子がいっぱいあります。その遺伝子たちが、ちゃんと生き残って、できるだけ増えていきたいと願っていると仮定します。そうするといろんなことがみんな説明できるんだというんですね。つまりぼくならぼくの中の遺伝子が、自分たち全体が残っていきたいと思っているわけです。ぼくは子どもの頃非常に体が弱くて、下手したら死ぬかもしれなかったんですが、ぼくがそのまま死んじゃいますと遺伝子も死んでしまいますので、遺伝子たちはそれは困ると思ったんでしょう。何とかしてぼくが死なないようにしてくれたのでしょう。それでおかげでこの年まで生きてきた。

それともうひとつ、遺伝子は増えていきたいと願っているわけです。増えていくためには、生きているだけじゃだめで、やっぱり子どもを作らないといけない。そのためにはぼくが、ぼくは男ですから、女に関心を持って、何とか女を口説いてセックスをするところまで持っていかなければいけない。そうすると、ぼくが十七〜十八歳ぐらいになった頃から、女の子のことが気になってしょうがないようにぼくを操るわけです。だとしか思えない。

女の子も女の子のほうでまたそうなっています。とまあ、結局うまいことといっちゃうというか、誤解も多分に入っているんでしょうけれど、やっぱりこの人でなければとお互いに思ってしまうんですね。それでついすることをしてしまって、結婚もしようかということになって子どもができる。それで、遺伝子は万々歳。自分のコピーがひとつ出来ましたから。でまあ、そこで終わっちゃうと困るので、また少し頑張って、もうひとり子どもを作ってくれるとまたワンセット、コピーができる。そうやって遺伝子が増えていくわけです。

遺伝子がそういうふうにして個体を操っているのだと考えると、動物たちが一生懸命やっていることが理解できる。例えばメスを探して歩くことは大変といえば大変ですし、危険といえば危険なんですが、もうそれ自体やむにやまれぬところもあるし、そうやっていることになんだか生き甲斐を感じるようになっているわけです。性行為にしたって、性行為は痛くて痛くてかなわんというんだったら誰もそんなことをしませんから、やっぱり性行為をしたら気持ちがいいようにしてある。気持ちがいいからついしちゃうと、つい子どもができちゃう。で、遺伝子は万々歳。と、こういうふうにご褒美はちゃんと付けてあるわけですね。子どもを産んで育てるというのも大変なんだけれど、赤ん坊がにこっと笑ったりするとついほろりとしちゃうんですね。ここでもご褒美が付けてあります。そんなことをして子どもをちゃんと育てるようにさせているとしか思えない。全部そういうふうに考えていくと、理解できるわけですね。

結局われわれはいったい何なんだというと、ドーキンスが言っていますが、要するに遺伝子に操られたロボットであるということになります。あるいはわれわれは遺伝子を運ぶ乗り物だと言うんです。つまりわれわれが子どもを作りますと、ぼくの中の遺伝子の半分は子どもに行きます。つまりその遺伝子を運んだわけですね。だから乗り物である、ビークルである、あるいは遺伝子に操られたロボットであると、言っています。

そういうふうに見ると身も蓋もない話になるんですが、要するにこの場は非常に不思議な場であって、遺伝子に操られたロボットであるぼくが、やっぱり遺伝子に操られたロボットである皆さんに向かって、われわれは遺伝子に操られたロボットであるという話をしているわけです。だけどそういうふうに見ることは確かにできるんですね。われわれはそんなものなんだと思うと、そこからまた違う人生観というか、人間についての別の概念が出てきます。二十世紀で言われた、人間とは崇高な存在であるとか、人間とは意識を持つとか、そういう話じゃなくて、全然違う人間観が出てくるんで、これはこれで非常に面白い見方なんです。

ただそういうふうになると当然嫌がる人もいるわけです。自分は遺伝子に操られたロボットではない、自分には心というものがあるなんて言う人がいるわけです。そういう本を一生懸命書く先生もいます。『心は遺伝子を超えるか』なんて本を書いた人がいます。その人の結論は当然超えるんです。だけど心というのは実は脳の問題ですからね。心というのは、脳でもあるし体全体のことでもあります。非常に健康である時は心も穏やかですよ。あちこちどこか痛いなんていう時は、心はあまり穏やかではない。結局、心は体とか脳とかいうもので出来ている。でもその体も脳も遺伝子が作ったものです。遺伝子が作ったものが遺伝子を超えるということがあるのかなと、これは哲学的問題ですけれどそういう問題も出てくる。

そんなことをあんまり考えていると頭がおかしくなってきますので、そういうことじゃない形でもうひとつ考えてみます。例えばさっきも言いましたように、生まれたばかりの赤ん坊はどうしようもない存在ですが、人間の赤ん坊ですから育っていくとちゃんと人間になるわけです。ちゃんと育っていくとゴリラになるとか、そんなことはないんですね。赤ん坊が生まれて喜んでいたけれど、どうもゴリラになっちゃったわとか、そういうことはないわけで、ちゃんと人間になるわけです。それは、遺伝子が全体としてちゃんと人間になるようにしているとしか思えません。食べ物のせいだと思う人もいるけれど、食べ物は関係ないですね。

どこかに牧場があって、そこにウシとウマとそれからヒツジがいる。みんな同じ草を食っているわけですよ。ところがいくら同じ草を食ったってやっぱりウマはウマです。ウシはウシで大きくなるわけです。別に同じ草を食ったからだんだんウシとウマが区別がつかなくなって、どっちだろうということにはならないです。

一個だけでウマを決めている遺伝子なんてありません、それはやっぱり遺伝子が、全体としてウマならウマというものになっていくようにプログラムしているとしか思えない。ウシについてはウシになるようにプログラムしているとしか思えない。それだからウシはウシであるし、ウマはウマなんですね。

そういうふうに、遺伝子たちが集団として何かプログラムを作っているというようなことを考えないと、どうしようもないわけです。

人間の赤ん坊は、ミルクを飲ませて、お母さんが体をきれいにしたりしているとちゃんと大きくなっていきます。その時もだいたいプロポーションがとれて大きくなっていくわけで、別にお母さんが手を引っ張ったりして伸ばしていることはないんです。ちゃんと人間らしいプロポーションで自然に大きくなっていきます。赤ん坊がだんだん子どもになっていって、子どもがそのうち小学校に入って、やがて結構憎たらしいことも言うようになったりするんですが。そうやってだんだん大きくなっていく。そうすると女の子は女の子っぽくなっていって、十歳とか十一歳ぐらいになると生理が始まったりする。男の子は男の子のほうで、そのくらいになると精子ができてきてマスターベーションなんてしたくなります。そのうちに女の子は女の子でクラスのかわいい男の子に目をつけるようになったり、男の子は男の子で小学校の時から女の子のスカートめくりなんかをするわけですね。それもちゃんとある種のプログラムがあって、関心があるようになっていくわけです。そういうふうに大人になっていって、結局子どもができるというように、うまくできているわけです。

小学校の時に色が黒くってお転婆で、お母さんから見るとこんな子どもお嫁に行けるかしらなんて思っていてもあんまり心配ないんです。十六〜十七歳ぐらいになるとちゃんときれいになってきます。男の一人や二人騙せるようになるんですね。そこはうまく出来ています。しかしこれは傍からいじくっているわけじゃないようです。お腹の中に赤ん坊ができた時も、お母さんは別にいじくったりしていないです。ただ物を食べて、乱暴なことをしないようにということだけしかしていない。でもちゃんと手足ができてきます。これはやっぱりある種のプログラムがあって、それでちゃんとできるようになっているとしか思えませんね。

そう考えると、このプログラムというものはとても大事です。それを誰が作っているかというと、やっぱり遺伝子が作っているとしか思えない。プログラムというものは、遺伝子全体で作っているわけですね。

そして、プログラムが進行するためにはやっぱりちゃんと物も食わなければいけない。そうするとプログラムというのは、存在していると自然に進んでいくものでもない。

これはいつもぼくがたとえ話にしているんですが、プログラムというのは、入学式の式次第のようなものなのです。そこにはまず開式の辞、事務局長と書いてある。その次に例えば校長挨拶と書いてある。それでまあ入学生なんとかかと書いてある。その次に来賓何とかさんの祝辞、その次も来賓何とかさんの祝辞といくつか書いてあり、これがプログラムです。これは、そういうふうに物事は進みますよと物事の順番を決めているわけです。しかしこれはあくまで単なるプログラムで、それが現実化するためには、やっぱり式の間生徒はみんな座って、演壇の上には何人か偉い人が座っていなきゃいけないですね。そして開式の辞になったら事務局長がやって来て、お辞儀をして、ただいまより何とかかんとか入学式を開式いたしますとか言って、また丁寧にお辞儀をして戻っていくという、あれをやらないといかんのですね。プログラムが進まないいんですよ。その次には校長が出てきて挨拶をする。校長挨拶が終わると来賓祝辞があります。それで来賓祝辞が済む。それでプログラムは進行して、式としては具体化されていくわけです。その日に卒業する人は証書か何かをもらって、それでやっぱりその人のプログラムもひとつ進行するわけですね。プログラムというのはそういうものなんです。

だからプログラムというのは、筋としてはかなりはっきり決まっています。しかしそれを具体化するためには、具体的にものを実施しなくちゃならんのです。それが面白いかつまらないかどんなものになるかは、全部具体的なところで決まるというものです。

それで結局非常に大きな問題というのは、学習ということになるんです。プログラムというのはものがすでに決まっているように思いますが、具体的にはちっとも決まっていないんです。例えば、人間の場合、二歳か三歳で結婚する人はまずいません。それから八十五歳くらいで初めて結婚する人もまずいません。だいたい二十歳から三十歳の間くらいで結婚します。それから普通は異性と結婚します。それもだいたい決まっています。ところがそこまでは決まっているんですが、その時にいったいどういう人を選ぶか、誰を選ぶか、その人とどうして出会うか、どう口説くかなんていう話は全く決まっていません。みんなそれぞれに苦労しているのですが、結局は結婚ということをしている。だけどプログラムとしては、何歳で結婚と一言書かれて終わり、なんです。この中に万感こもっているわけですな。そういうものです。それが本当の人生なんです。それだからじゃあプログラムはないのか、すべて心だけかというとそうじゃない。プログラムとしてはだいたい決まっている。決まっているから人生味気ないかというとそんなことはなくて、すごく大変なことなんです。

例えばウグイスがきれいな声でさえずります。オスのウグイスは、大人になると自然にホーホケキョとさえずるように思いますが、実はそうじゃないんですね。あれは生まれてしばらくしてから、ちゃんと親のさえずりを聞いて学習するわけです。隔離して何にも聞かせないでおくと、そのウグイスは大人になっても全くホーホケキョと歌いません。テープで聞かせてやると、ヒナは一生懸命それを聞いて学習していくわけです。そこで、ウグイスに最初からカラスの声を聞かせて、ウグイスのくせにカーカーと鳴く変なのができるかという実験をした人がいるんです。その結果、こういうことが起こります。そのウグイスのヒナは、生まれて初めてカラスの声を聞くわけです。今までウグイスの声は聞いたことはない。やっと耳ができて、聞こえるようになった時にカラスの声をテープで聞かされる。そうすると何の関心も持たないですね。知らん顔をしているんです。教えようと思った人たちは、そのヒナを向学心もない、本当にしゃあないヒナだと思ったんでしょう。だけど一応ウグイスの声を聞かせてみようかと、カラスの声をウグイスの声に切り替えます。向学心も何もないと思われていたそのヒナが、突然この声に関心をもって、熱心に聞き始めるんだそうです。これは変だと思うんですね。つまり、これがお手本のウグイスの声だということをヒナが知るはずがないんです。

ということはどういうことなんだとよくよく考えてみると、とにかくさえずりは学習しなきゃ駄目だということなんです。親がきたら口を開けて餌をもらうというのは、学習をなんにもしなくても平気でできるんですが、さえずりは学習しなくちゃいけないように、どうもなっているらしい。さえずりは学習しなさいということは、遺伝的に決まっているプログラムだということになります。そしてこれは大人になってから聞かせてもだめなんですね。だいたい卵から孵《かえ》って一ヵ月から二ヵ月の間ぐらいに聞かせてやらないと学習しない。ということは卵から孵って一ヵ月から二ヵ月の間に学習しなさいということも、どうも遺伝的にプログラムされているらしい。さらに、だいたいこんな声がお手本ですよということも、遺伝的に決められているらしい。ということがだんだん分かってきました。

それまでは、ある動物の行動、あるいは人間の行動がだんだん発達していくのは、遺伝かそれとも学習かという形で考えられていました。それを決めるのは非常に大変だった。遺伝か、それとも学習か、という二者択一だったんです。ところが、どうもその問いかけは間違っていたんだとだんだん分かってきました。遺伝か、学習かではなくて、学習も遺伝的プログラムの一環なんです。遺伝的に決まっているということを本能と言いますけれど、本能的あるいは遺伝的に、ウグイスはホーホケキョと鳴くもんだと思っていたらそうではない。ではカラスの声でも何でも学習するかというとそうでもなくて、やっぱりウグイスの声でなきゃいけない。ということはどうもお手本はウグイスのこういう声ですよ、ということが遺伝的に決まっているらしい。だけど決まっているから自然に鳴けるかというとそうではない。それは聞いて学習しなければ駄目なんだ。こういう関係にどうもあるんですね。

それで、学習というものについての考えが変わってきました。例えば、人間は言語の学習をします。この言語というものは必ず学習するものだと思っているんですが、ノーム・チョムスキーという人によりますと、そうではないんだと言うんです。

これはある人が作ったお話ですが、アメリカの田舎の農家に四歳くらいの男の子がいて、その子が表をぼうっと見ていたら郵便屋さんが入ってきた。そうしたら、自分がかわいがっているイヌが郵便屋さんに吠えついた。郵便屋さんは怒ってそのイヌを蹴っ飛ばした。それでその男の子は、かわいがっているイヌが郵便屋さんに蹴っ飛ばされたのにびっくりして台所にとんでいって、英語国ですから英語で「The postman kicked the dog」とお母さんに向かって言う。そうするとお母さんは、まあ大変、ととんでくる。何でもないような気がするんですけれど、これは実は大変なことなんですね。たとえば、子どもに「これがコップだよ」と言います。それに対して子どもが「コップ」と言えたら、「よしよしコップと言えたね」と言う。こういう時にはこう言うんだと、条件反射みたいに子どもが言葉を覚えていくと皆さん思っている。しかし、この子どもは自分のイヌが郵便屋さんに蹴とばされたことに生まれて初めて出会ったわけですね。郵便屋さんがイヌを蹴った時には、「The postman kickd the dog」と言うんだよ、ということは今まで教わっていないんです。ところが見たとたんに、子どもは生まれて初めての文章をぱっと作っちゃう。なぜだろう。不思議な話なんですね。

ポストマン、あるいは郵便屋さんというのは、郵便を配達して歩く男とか、郵便配達を職業とする男とかそういう意味です。その郵便屋さんがどんな顔をしているかとか、背丈がどのくらいだとか、何を着ているかとか、今何をしているかとかいうことは何も言っていません。郵便屋さんが本当に郵便配達をしていることもあるけれど、全然郵便配達をしていないこともあるし、非番の時には配達しないで普通の服、つまりジーンズをはいてTシャツを着てプラプラ歩いているかもしれないでしょう。あるいは風呂へ行ったら素っ裸になっているわけです。でもまあ田舎の町だったら、あああれ郵便屋さんだよとすぐ分かる。結局郵便屋さんというのは、辞書の中にしかない全く抽象的な存在なんです。

「蹴る」、英語で言うと「キック」という言葉も、辞書の中にしかないんで、あえて言えば「足をもって他物に打撃を与えること」とかなんとかそういうことになるわけです。男が蹴ろうが女が蹴ろうがかまわない。ウマが蹴ったってイヌが蹴ったってブタが蹴ったってかまわない。とにかく足をもって他物に打撃を与えればキック、蹴るなんです。その時、手でもって他物に打撃を与えると、これは殴るになる。これは違うんですね。また前に蹴るか後ろに蹴るか何を蹴るかということも関係ない。そういう非常に抽象的な単語です。

実はこの子どもは、「イヌを蹴っている郵便屋さん」というものを見たんですね。蹴っている郵便屋さんというのはひとつの実態です。蹴っている郵便屋さんというひとつの実態を見たとたんに、「郵便屋さんが、蹴ったよ」とぱっとふたつの単語に割いちゃうんです。子どもは、「kicking postman」というひとつの実態を見て、「postman kicked」に分けてしまう。そこで皆さんが昔から教わっている、主語と動詞が出てくるわけです。

あらゆる人間の言語というのは、主語と動詞によって文章ができます。主語と動詞を中心にして、それに「イヌを」とくっつける。また「赤いイヌを」「ぼくのイヌを」とか、付けていくわけですね。主体は「postman kicked」、これが中心です。それにほかのことが続くわけです。The も後から付く。こうやって文章ができるわけですね。

われわれは生まれて初めて見た事態でも、それを文章にしていますから、結局いくらでも文章ができるわけです。ということになると、言語は学習するものなんだけれど、何を学習しているんだろうということになります。今言った「kicking postman」という実態を「postman kicked」とふたつに分けてしまう。このふたつは postman も kick も何も具体性がない。何をしているかとか、どんな格好をしているかという具体性は一切ない。「郵便を配達して歩く男」とか、「足をもって他物に打撃を与えること」とかいう、抽象的な意味しかない単語、概念なんですね。蹴っている郵便屋という現実の存在を、そういうふたつの抽象的な言葉に分けることによって文章が出来上がっていくわけです。チョムスキーは、言語とはそういうものであるということを言ったんです。

こうした構造の文章を作るというのは、おそらく教わったこととか学習したことではなくて、人間という動物に遺伝的にプログラムされたものだとチョムスキーは言っています。これはぼくも多分そうだろうと思います。英語の場合は「postman kicked」、日本語の場合は「郵便屋さんが蹴ったよ」と言いますが、言っている内容と文章の構造は同じです。

そうすると文法の基礎的な構造は、全く遺伝的なプログラムだ。だけどわれわれはやっぱり自国語を勉強しなければいけないし、英語も勉強しなければいけない。じゃあ何を勉強しているのかというと、この文法構造を具体化するために必要な単語を学習しているわけですね。われわれは日本で生まれましたから、まわりから聞こえてくる単語はみんな日本語です。日本語の単語を聞いてそれを学習している。そして今みたいに「郵便屋さん」は「ポストマン」じゃなくて「郵便屋さん」というふうに聞いている。「蹴る」というのも「キック」じゃなくて「蹴る」という言葉として聞いている。「蹴る」は「蹴った」となるということも聞いている。そうするとそのものを見たときに、イギリス人あるいはアメリカ人といった英語国の人だったら「postman kicked」と言うだろうし、日本人が同じものを見たときには「郵便屋さんが蹴ったよ」と言う。しかし言っていることの中身は一緒です。単語は違っていますが、文法構造も一緒です。

結局われわれが何を学習しているかというと、子どもの頃から聞いた単語なんですね。そこで、いわゆる文化というものとこのこととの関わりが出てくるだろうと思うんです。

イギリスやアメリカの英語国の文化であれば、「postman kicked」という単語を使って表現します。日本人は、「郵便屋さんが蹴ったよ」という形で同じことを同じ文法構造で表現します。遺伝的プログラムの表現がきわめて違う形になっていますが、それをわれわれは文化の違いと言っているんでしょうね。そういう形で文化は出来てくるんじゃないか。

実は言語というのは、コミュニケーションのために出来たものではないんですね。これは概念の整理のために出来たものだとしか思えない。

例えばイヌを連れてきて、目の前に容器を二つ置き、柵で近づけないようにしておきます。イヌの見ている前で、片方の容器にイヌの好きな餌を入れる。そしてそのまま三十分待たせておく。三十分経って、はい行っていいよと言うとイヌはこの餌を食べます。ところがこの三十分のあいだ、イヌはじっと坐って餌の入った片方の容器をじーっと見つめているんです。その時人間がイヌの姿勢を変えてやると、イヌはどっちの容器だったか分からなくなってしまう。

ところがチンパンジーになると全然平気です。片方の容器に餌を入れるところを見せると、その後チンパンジーはあっちこっち動き回っていても、三十分後にとととっと行って食べることができます。どうもチンパンジーは、自分のこっち側という概念を持っているようなのです。イヌはそういう概念を持っていないらしい。だから、餌の入った容器は左側、ということは分からないらしい。

人間の場合には、「左」という言葉を使って概念を整理していますから、左側と思ったら別にずっと見ていなくて三十分間何をしていようとも、ちゃんと行けるわけですよ。そのために言語を作ったというか、概念を示すために言語ができてきた。すると今度は、言語によって概念を人に伝えることができるわけです。左側だよというふうに言うと、向こうの人にも左側という話が伝わるんですね。だからうっかりして、言語はコミュニケーションのためにできたと思ってしまったんです。

ところがこれは概念整理のためのものですから、ある人の概念と相手の人の概念、あるいは概念の全体の組み合わせ方が違っていると、かえってとんでもない誤解を生むことになる。これは皆さんも経験があると思いますが、一生懸命話せば話すほど分からなくなって、話が通らなくなることがあるでしょう。ずいぶん一生懸命話したのに全然伝わっていないということも、あるいは話が全く反対になっちゃうということもある。むしろ言語を使わないほうが良かったということだってあります。

それだから言語というのはコミュニケーションのために出来たものではないんです。コミュニケーションに使おうと思ったら使えるものなんですね。そうなると、その文化がどういう概念を作るかということが問題になります。

ぼくはこのことを本にも書いていますけれども、虹が何色あるかについても言うことができます。われわれ日本人は、虹を七色と言っています。われわれは虹の色を、赤、橙《だいだい》、黄、緑、青、藍《あい》、菫《すみれ》と見ています。ところがたいていのアメリカ人は、虹は六色だと言いますね。藍がないんです。青の次は菫なんです。藍という色はないのかと聞くと、あれはディープブルーだと言うんです。だから青に入ってしまう。そうするとアメリカ人にとって虹は六色なんですね。

一番傑作なのは、フランダースの人に虹は何色かと聞くと、五色だと言うんです。要するに赤、橙、黄、緑、そこまでは一緒です。その次が青、それで終わり。藍とか菫はどうだと言うと、いやあれはディープブルーだと言うんです。全部青に入ってしまう。そうするとフランダース人から見ると虹は五色なんです。

われわれは虹は七色だと思っていますが、それは色の切り方の違いであって、結局、いちいち藍色とか菫色に神経を使った文化と、みんな青だと思った文化とで違ってくるわけです。じゃあフランダース人が鈍感かというと、そうじゃない。それは文化によって違う。子どもの頃から虹は赤、橙、黄、緑、青、藍、菫の七色と教わって、そのつもりで虹を見ると七色に見えるんです。そう思っていろいろ文章を作ったりするでしょう。一方、同じ虹を見たフランダース人は、子どもの頃から五色だと思っていますから、五色に見えるんでしょう。するとそう文章を作ると思いますね。同じものを見ながら実は違った形でものを見るようになる。これは文化が違うとしか言いようがないんですね。

結局遺伝的プログラムをどう具体化していくかというと、子どもの頃からまわりにある単語とかいろんな概念とか、そういうものを使って学習をしていくわけですね。そうすると、同じことの学習をしていても話は違ってくる。それが文化の違いということになるのではないか。文化によって物事の考え方だとか立論の仕方は違ってきますが、結局、そういうことについては学習をせよとどうも人間の遺伝的プログラムは出来ているらしいんですね。

文化というのは人間だけにある特殊なものだと普通言いますが、必ずしもそうではなくて、ウグイスのホーホケキョの学習とある意味では同じ次元で考えてもいい問題かもしれない。そう思わないと、文化というものはやっぱり遺伝子とは別のものだということになってしまう。「文化というものは動物にはありません、遺伝子では分かりません、生物学では分かりません、文化は文化です」と言われてしまいますと、文化というものが特別なものになってしまう。そうではないのでないかという見方が出来ないかなと、ぼくは思っているんです。

今の言語の学習の例を見ましても、基本的な文法構造は遺伝的に人間みな共通に決まっていますが、それを表現する単語、具体的な文章にするための単語は学習が必要であることが分かります。その単語は、子どもの時からのまわりの文化の中、まわりの状況の中から取っている。それで学習していく。その学習した単語を遺伝的に定められた文法構造に従って並べていく。こういうことなんだと思います。

ですから、私は語学は不得意ですという人がいますが、そんなことはないんで、そういう人に限ってべらべら日本語をしゃべっています。その人が仮にアメリカに生まれたら、今頃べらべら英語をしゃべっているはずなんです。そのかわりきっと日本語は全然できないでしょうね。そんなものですよ。それはだから決して学習能力がないとか、学習しなかったとか、そういう問題ではないのです。その人はアメリカに生まれていれば英語がぺらぺらで、今は全くアメリカ人になりきっている可能性がありますね。しかし日本で生まれ育つとそこでずっと学習してきていますから、純粋日本人みたいになっているわけです。そういう具合に考えていくと、文化というものはそんなに凄まじく変なものではないのかもしれないなという気がします。文化ということについても、利己的遺伝子と全く違う話ではないのです。

最初に言うのを忘れましたけれど、利己的遺伝子という言葉は、リチャード・ドーキンスがキャッチフレーズとして作ったものです。ぼくならぼくの中にいる遺伝子は、自分たちが生き残って増えていきたいと思っている。他人がどうするかというのはかまわない。そういう意味で、遺伝子というのはそもそも非常に利己的なものだというのを表現するのに、「ザ・セルフィッシュ・ジーン」というキャッチフレーズを作ったんですね。このキャッチフレーズが見事に当たったわけです。当たりすぎてちょっと誤解されたのです。利己的遺伝子という遺伝子があるように思ったんですね。

そういう利己的遺伝子は、自分たちが生き残っていくためにプログラムを組んで、そしてある部分は学習が必要だというふうにしてある。その流れの上に乗っかって文化というものも存在するのだろうと、ぼくは今考えています。これはあくまでもぼくの試論というか、試みにそういうことを考えているものです。いやそんなことはないぞとおっしゃる方もたくさんいらっしゃるかと思いますが、ぼくはそういうふうに思ってみてもいいのではないかと最近考えるようになっているわけです。

ちょうど時間になりました。このようなお話で、何か皆さんのご参考になれば大変幸いです。どうも有難うございました。

3

東北弁と映画館

私の外国語修得法

「私の外国語修得法」――ひじょうに困るテーマである。そもそもそんな便利な修得法なんてものがあるのだろうか？

それに、「私の」というからには、ぼくは何らかの外国語を「修得」していることになる。ぼくにはそんな自信はまったくない。

おそらくぼくがこの原稿をたのまれることになった原因は、ムツゴロウ畑正憲にあるのだと思う。畑正憲はかつて日本エッセイスト・クラブ賞を受けた彼の第一作「われら動物、みな兄弟」の中で、ぼくが二三か国語できると書き、この文章が新聞の書評に引用された。その結果、この本を直接読まなかった人までが、そう信じてしまうことになった。

もちろん、二三か国の話はうそである。けれど、ぼくが中学のころから外国語というものにたいへん興味をもっていたことはたしかである。ちょうど戦争中のことで、日本国内に英語をしゃべる人がいない時期に、学校で英語を教わった。海のむこうの敵国・米英では、子どもまでこんな変なことばをしゃべっているんだなと思うと、ひじょうにふしぎな気持がして、これがぼくの言語への好奇心をくすぐったらしい。

ぼくが最初に勉強した、母語以外の言語はもちろん英語であったけれど、その次に勉強したのは東北弁であった。

東京の家が空襲で焼けて、ぼくの一家は秋田県の大館へ疎開した。学校は松根油とりで休み同然。日本はほとんど完全に負けているのに、いつ戦争が終わって東京へ帰れるのか見当もつかない。ぼくはせっかく東北にいるのだから、東北弁を勉強しようと思いたった。

まず、人のしゃべっているのを聞いて書きとることから始めた。東北弁の音の性質からいって、ひらがなやカタカナで表記することは無理だということはすでにわかっていた。ぼくは中学の英語で習った万国音標文字を使うことにした。そのころぼくが知っていた音標文字では表記できない音は、勝手に記号を作って、それを使った。たとえば「そうです」は ndaś、「そうでしょう?」は ndasbe、天皇陛下は tĩnnōFĩĩka となる。こうしてぼくは、大館東北弁をかなりちゃんと理解することができた。

終戦後、東京に帰って、中学四年の残り半年を過ごすことになった。ドイツは敗れ、空襲で焼け残った古本屋には、ドイツ語の文法書がただ同様の値段で売られていた。世はアメリカの時代。ドイツ語なんてだれが関心をもつものか。

けれどぼくは、ナチス・ドイツは敗れても、ドイツ文化やドイツ語が消え去るはずはないと思った。さっそく、二束三文のドイツ語の教科書を、それもできるだけうすくて簡単なものを買ってきて、勉強を始めた。

うすい教科書をえらんだのは、それが安かったからではない。うすい本なら、ドイツ語という言語の全体的な構造がすぐにわかる。動詞の位置、接続法、例の分離動詞なるものの本質など。ドイツ語というものがほぼわかった気になったところで、ぼくは中学を終え、旧制の成城高校に進学して、正規のドイツ語の授業に臨んだから、学校のドイツ語に苦労することはまったくなかった。

これに自信を得て、ぼくはフランス語を始め、さらにそれと並行してロシア語も始めた。ここでぼくの頭の構造が自分ながらよくわかった。

それは、次のようなことである。フランス語のほうは畏友有藤《ありとう》寛一郎氏のすすめにしたがって、詩人菱山修三氏のサークルで教わった。最後に引用するつもりの小文にあるとおり、菱山氏の授業はじつに楽しかったけれども、「フランス語というもの」の理解にはほとんど至らなかった。

一方、ロシア語のほうは、伊藤職雄という人が書いたうすい教科書で独学した。こちらは急速に進み、動詞の過去形に性があったり、造格という奇妙な格があったりするロシア語というものの特徴がわかってきた（ような気になった）。他のヨーロッパの言語とはまったくといえるほど類似点のない単語も、ロシア語の造語法を推測してゆくことによって（教科書には造語法は述べられていなかった）、理解できるようになった。

そうこうするうちにぼくは、こういう頭の構造をもっているらしいぼくにとって、まさに啓示的な先生と本に出会った。

その先生とは、もう亡くなられたが、当時成城高校で英語を教えられていた前嶋儀一郎先生であった。前嶋先生は、英語の授業のかなりの時間を、比較言語学の講義にあてられたのである。

旧制高校の授業がほとんど「語学」ばかりであったのは周知のことである。成城高校でも同じだった。理乙つまり医学・生物系は、一年から三年までを通じて、第一外国語のドイツ語が週に一一時間、第二外国語の英語が週九時間であったと記憶している。

その英語の一つに、前嶋先生の授業があった。なにぶん終戦直後のことで、成城の校舎は大部分焼けてしまい、高校は広漠たる相模原の淵野辺にあった兵舎に移った。そこに第二の成城の地を築くのだとかいう半ば悲壮な学校側の声もあったが、とにかく先生はイモ作り、学生はバイトにあけくれている始末だった。

けれど、前嶋先生の講義は、ぼくにはものすごくおもしろかった。「教科書は当分使いません」といって配られたのは、何というか、センカ紙ともちがう、うすい、といってそれほど悪質でもない、和紙のようでまっ白な紙にぴっちりタイプされたテキストだった。

タイトルには“How to master English”とあった。これだけ見れば、いわゆる日常英語のハウツーものと思うかもしれない。けれども、中身は要するにオールド・イングリッシュのテキストであった。ぼくらはそれに従って、fechten, fōchte, gefōchtan とかいう古代英語の不規則動詞の変化を習い、gefōchtan は je-fōxtan と発音するのであって、やがてこの前綴が落ちてしまうのだということも教わった。

英語をマスターするにはまず、ゲルマン語との関係を解らねばならぬ、という先生の講義は、じつに新鮮だった。つづいて、話はラテン語、ギリシア語との関係に入っていった。

一年のときのこの講義が終わり、テキストのリーディングになっても、たとえば pecuniary という語はラテン語の pecus（家畜）に由来し、この pecus はドイツ語に入って Vieh となる、それは一つにはドイツでも家畜は財産であったからであり、また一つにはラテン語の p はドイツ語では v になるという通則があるからだ、というような解説をつぎつぎにして下さった。つまり先生は、ぼくらに比較言語学の手ほどきをしてくれたのである。

ぼくはすっかり感激して、先生にラテン語を教えてほしいと申し出た。ギリシア語はちょっとあとになって、大学一年のとき、日仏学院の Paul Anouilh 先生に教わった。二つとものにはなっていないが、ぼくが言語というものに関心をもつようになったのは、前嶋先生のおかげである。

本のほうは、『英独仏露四か国語対照文法』（申し訳ないが著者名はどうしても思いだせない）という本であった。かなり高価な本だったが、これは何としても買わねばならぬと決心した。この本でぼくは、これら四つの言語のもつそれぞれのロジックとでもいうべきものがよくわかった。ぼくがこの本から得たこの感覚は、その後のぼくの動物学の研究にも、大きな影響を与えている。さまざまな動物たちの行動を研究するときに、ぼくが一貫してとってきた態度は、モグラ、スズメ、タヌキ、カブトムシ、ガ、ハゼといったそれぞれの動物が、それぞれどのようなロジックで生きているかを知りたいということだった。

これがぼくのいう「ナチュラル・ヒストリー」である。

そこから逆に、今度はぼくが言語を見る見方も、ナチュラル・ヒストリー的になってきた。つまり、比較言語学によって諸言語の由来関係、いわば言語の「進化」のあとづけをするのもおもしろいけれど、もっとおもしろいのは、それぞれの言語のロジックである。ロシア語はなぜ動詞の過去形の性などということに気を使うのか、なぜ完了態、不完了態などというものにこだわるのか？　こういうことに注目すると、その言語がよりわかるようになってくる気がするのだ。

それと同時に、「四か国語対照文法」からは、一般論も教わった。あらゆる言語を通じて、人間の発音には一般則とでもいうものがあること、［x］の有声音は［g］であることとか、日本語に頻出する［j］という音は、日本語ではごく稀にしか現われない［ç］の有声音であることなど、目を開かれる思いだった。それを知ってはじめて、ぼくは山形の一部の人々が、山形県のことをシャマガタ県というわけがわかった。

いずれにせよこういう次第なので、ぼくにはふつう期待される外国語修得法などというものを語る資格がない。徹底して言語学的なアプローチをしてきただけである。

ただし、言語の修得にはもう一つの面がある。つまり、チョムスキーによれば、すべての人間の言語の基本的文法構造は同一であり、しかもそれはすべての人間に共通に、遺伝的にプログラムされているという。われわれは、その遺伝的文法構造を具体化するために不可欠な単語、語彙を、遺伝ではなく文化の中から学ぶのだ。

だから、ポーランド語というのはどういうロジックに立った言語だということがわかっていても、ある数以上の語彙を知らなければポーランド語をしゃべることはできない。ぼくの外国語修得はそのような状態にある。英仏二語以外については、ペラペラといわれてすぐそれを理解し、ペラペラと答えることなど、ほとんどまったくできない。しかし、フィンランド語やマレー語にこんなスペリングやこんな文形はありえない、ということはすぐわかるのである。だから、ぼくの外国語はちっとも実用的でない。ぼくのオランダ語がそのもっともよい例で、書かれたものはほぼわかるけれど、しゃべられたらまったくわからないし、また、ぼくのしゃべったオランダ語は、オランダ人にもフランダース人にも通じない。

それを勉強するのにどうしたか?　かつてぼくが学生時代、いくつかの外国語を勉強していたころは、リンガフォンなどというものもないし、テープレコーダーもなかった。外国人に接する機会もなかったし、父をはじめとして家じゅうに病人をかかえていた極貧のぼくは、外国留学する可能性などなかった。

解決策はただ一つ、映画であった。場末の安い映画館の入れ替えなし三本立というのに、家庭教師の帰り道にとびこんで、どこからでもよいから、何回でも見た。知っている単語はさっと耳にとびこんでくる。その数がしだいに増えてきて、微妙なイントネーションもわかってくるのはうれしかった。こうしてぼくは、同じロシア映画を十数回映画館に「聞きに」いった。「ことばは理屈ぬきで学べ」とよくいわれる。残念ながら、ぼくはこれに全面的に賛成することはできない。その言語の文法を知り、ロジックを知った上でなければ、たとえその国に住んでいても上達はしない。少なくとも莫大な時間がかかるだろう。しかし、理論的なものがあれば、かなりの短時間で大いに得ることができる。

ぼくの英語もフランス語も、およそ不完全で、とうてい自慢できるものではないが、約一年間フランスに留学していたおかげで、フランス語のほうは気楽にしゃべることができる。そのいきさつを示す小文をかつて書いたことがあるので、それを引用させてもらって稿を終えることにしよう。

ぼくがフランス語を勉強しようと思いたったのは、旧制高校の一年、年齢にしていえば一七歳のときであった。もちろん、フランス語の本や論文を原語で読みたいからなどという高尚な動機からではない。すてきなフランス人の女の子と、フランス語でしゃべってみたい、しゃれた恋文も書いてみたい、と思ったからにすぎない。そのころはまだ純情だったから、フランス人の女の子をくどいてみたいなどとは思わなかった。今とは世の中もちがっていたのである。

そうこうして、文法書などをぱらぱらみているうちに、成城高校（現成城学園）で一年先輩の有藤寛一郎さんが、「おい、日高、菱山（修三）さんがフランス語教室を始めたから、一緒にいかないいか？」と誘ってくれた。さっそくいってみると、さすが詩人の家。しゃれた洋館で、リラの木があって、すこし古びた白い柵にバラがからんでいて……。ぼくはなけなしの金をはたいて授業料を払い、文法のテキストとリーダーを彼が「あばちゃん」とよんでいた婦人からわけてもらった。あばちゃんが菱山夫人であることを知ったのは、だいぶあとのことであった。

第一日目にいそいそと授業にいくと、何人か若い女の子もきていた。いかにもフランス語を習いそうな雰囲気の、すてきな女性であった。その日はアー・ベー・セーだけだった。でも心はわくわくしていた。

第二日目、「じゃ、テキストに入りましょうか？」といって、菱山さんは一、二行読んだ——「On est au printemps. Les oiseaux chantent. 人は春にいる、つまり、今は春だ、鳥が歌う」

そこまでくると彼ははたと沈黙した。そして、ふいにいった、「やめましょう、こんなものを読んでいると、だんだんバカになっていくような気がします。この次はぼくがテキストを用意しときます」。その日はあと雑談で終わりとなった。

三日目、ぼくらはガリ版ずりのテキストを渡された。それはボードレールの「パリの憂欝」だった。アー・ベー・セーの次に、いきなりボードレールへとびこんだのである。けれど、ボードレールを読んでいるという感激はひとしおだった。頭から辞書をひき、文法書をひっくりかえして、一生懸命予習した。

それから一七年たって、ぼくはフランスへいった。その一七年の間に、ぼくはクセジュ文庫の動物学関係の本を何冊か訳していた。できるから引受けたのではない。できないから引受けたのである。当時の原本を今見ると、et とか le とかいう語はべつにして、ほとんどすべての単語を辞書でひいたらしく、訳語の書きこみだらけである。そんなふうにしてぼくは、いちおう昆虫のホルモンについての学位論文をフランス語で書くところまでいった。そこでフランスへいったわけである。

ところがほとんど何一つ通じなかった。やさしくぼくを家庭にむかえて下さったパリ大学のボードワン教授のうちで、夫人やお嬢さんのいうことが何もわからなかったのである。考えてみれば、「アイロンかけますか?」なんていうことばはボードレールにもクセジュ文庫にも、絶対にでてこなかった。

けれど、ぼくは文法と語源学だけはかなりやっていた。三か月もして会話になれてくると、何が省略されているか、どう文法からずれているか、何がどのていどにアルゴーなのかなどということは、比較的容易に理解できた。フランス語のむずかしい語彙の知識を競うラジオ番組、

“Le jeux de dix millions” などは、ボードワン家でぼくがいつもいちばんよくできた。ぼくは会話から入らず文法から入ったことを、じつにしあわせに思った。

会話の勉強のこの上ない機会は、滞仏最後の二か月間、ストラスブールにいるときに訪れてきた。先生は憧れのフランス人の女の子で、ストラスブール大学文学部の女子学生。もちろん師弟の壁ははじめからこえていた。

『ロビンソン・クルーソー』の凄さ

「今さら何をロビンソン・クルーソーだ。あんなものは子どものころ読んだよ」と言われることはわかっている。けれど、まあそういわないで、ちょっと聞いてほしい。

まず、ぼくらが子どものころに読む『ロビンソン・クルーソー』は、あれはじつはロビンソン・クルーソーのごく一部なのだ。

有名なロビンソン・クルーソー物語は、ロビンソンが大海の島にただ一人漂着し、そこで、長年にわたって暮らしていく話である。

そこで彼が、ただ一人、数々の困難に打ち勝ってゆくプロセスは、じつにイギリス人らしくて面白い。いろいろなことに細かく気を配り、それに対処してゆく。たとえば、火薬を何ヵ所にも分けて貯え、家のまわりには二重の柵を設ける。「野蕃人」の姿を見かけたあとのロビンソンの警戒策の慎重なこと。人間の動きを最大限想定して、それに備えようとする。

けれど、ロビンソンはそういうもろもろのことのノウ・ハウをあらかじめ知っていたわけではない。たとえば、ひどい病気になって、タバコを薬にしてみようと思いたつが、いったいどうしたらよいか分からない。試行錯誤の末、やっと利用法を開発する。

文中には、神ということばがやたらと出てくる。さすがイギリス人だなあと思う。これもなかなか面白いことで、いろいろと参考になる。

ところで、初めにも書いたとおり、このだれでも子どものころから知っているロビンソン・クルーソー物語は、じつは「ロビンソン・クルーソー」の一部にすぎないのだ。

ロビンソンは孤島での二十八年間の生活ののち、「蕃人」たちの土地へ漂着したスペイン人とポルトガル人、そして海賊のようなイギリス人に出会い、彼らに島の土地を委ねて、イギリスへ帰る。この間のやりとりもイギリス植民地主義、資本主義発展の様相をよく表わして興味ぶかいのだが、とにかく、昔読んだロビンソン物語はそこで終わっていた。

だが、まだそのあとがあるのである。故国に帰ったロビンソンは、かつていたブラジルに残してきた自分の農園の経営問題について相談するため、リスボンの共同管理を訪れる。その帰路、ロビンソンの一行は、雪のピレネー山脈でオオカミやクマに襲われて、死ぬほど怖い目にあう。

その後ロビンソンは再び「自分の島」を訪れる。そして「島全体の所有権は自分のものとして」おいて、全員に分配してやる。そして必需品と女たちを送ってやる。

この間の話が、岩波文庫の下巻にくわしく述べられている。これは日本ではほとんど人に知られていない。かつての岩波文庫では、この件りは『ロビンソン・クルーソー　第二部』として出版されていた。そしてピレネーの旅は第四部となって出ていた。それらと、いま出ている上・下巻との関係が、ぼくにはよく分からないのだが、いずれにせよ、旧版第四部のあとがきに、訳者がそう書いていたのはよく憶えている。すなわち、「ロビンソン・クルーソーの第一部を読んだ人は、世界で五人に一人はいるだろう。しかし、第二部まで読んだ人は、五千人に一人いるかいないかである。第三部まで読んだ人はおそらく五万人に一人、そして第四部となると、五十万人に一人しかいないであろう」というのである。

第四部を読み終えてぼくは、いささか単純な発想ながら、これでぼくも世界で五十万人に一人の人間になったと、いささか誇らしく思ったものである。

では、ロビンソン・クルーソーの旧版第三部は何の話なのだろうか?

それはロビンソンが、もういいかげん高齢になっているにもかかわらず、中東からインド、インドネシアを回って、中国へ旅する話である。

ブラジルからアフリカ南端の喜望峰を経て、という当時のスタンダードの航路は、十八世紀初頭のイギリスの船員たちには熟知された道であった。それでもなお、いろいろな事件がおこる。経験と年功のおかげであろう、ロビンソンのそれらへの対処のしかたは、ぐっと洗練されてきている。

こうしてついに台湾に着き、それから大陸へ渡る。中国人から得られるものの他、情報はまったくない。中国文化に驚きながら、北京に入り、万里の長城を越えて、いよいよ、韃靼《だったん》人の土地へ入る。ここでもまたさまざまな出来事がある。シベリアでは、キリスト教徒としての怒りから偶像を破壊してしまって、その土地の人々に襲われ、命からがらモスクワへ辿り着く。とにかく、このほとんど知られていない話をじっくりと読んで、大いに話の種として利用してほしい。

（ダニエル・デフォー『ロビンソン・クルーソー』全二冊、平井正穂訳、岩波文庫）

エピローグ

わけの分からぬぼくの「読書」

ぼくが子ども時代を過ごしたのは、東京・渋谷の小さな借家だった。六畳の居間が上と下に二つずつある二階建てで、だれかが二階を歩くと家じゅうがたがたいうような家だった。

ぼくの父はほとんど本を読まなかったらしく、家の中に書斎はおろか本棚というものもなかった。二階の押入れのすみに『明治大正文学全集』が一冊と、だれが書いたのかわからない『珠《たま》を育てる』とかいう育児の本がころがっているのをふと見つけたことがあったくらいである。

そのころの母は病弱であったが、母が本を読んでいる姿も見た記憶はない。

そもそも今からもう六十年も前、日中戦争が始まっていて、世の中は「上海陥落」を祝う旗行列をし、お米からみそ、しょうゆ、油、お菓子まで国からの配給となり、本屋さんに本はほとんどなく、雑誌もどんどん薄くなっていくという、今では想像もつかないような時代であった。

それでもぼくは本を読むのは好きだったらしく、父にせがんで「少年倶楽部」を毎月買ってもらって、すみからすみまで何回でも読んだ。読むだけでは満足できないので、毎号載っている「わが家の新聞」という記事をまねして、ぼくの家の「わが家の新聞」を作っては、父や母に見せていた。

残念ながら父も母もほとんど関心を示してくれず、読んでくれたかどうかさえわからなかったが、祖母の家へもっていったらとてもほめられてうれしかった。ぼくがのちにいろいろ文章を書くのが好きになったのも、こんなことからだったかもしれない。

とにかく読みたいのに本がないから、家の中にあったものは手あたりしだいに何でも読んだ。母がお手伝いさん用にとっていたらしい「主婦の友」なども、分からないながらも読んでいた。料理のしかたとかボタンのつけかた、洗濯のときの注意とかいう記事にはけっこう興味があり、勉強になった。ときどきそこで読んだことを母に話して、「男の子のくせにうるさいわねえ」と嫌われた。

押入れに一冊だけあった『明治大正文学全集』も、むずかしかったが努力して読んだ。なにしろ昔の漢字だし、文章は古いし、とてもたいへんだったが、さすが作家の文章だけあって、引き込まれることが多かった。この本の中にあった、だれの訳だったかおぼえていないが、「十五少年漂流記」というのにはずいぶん驚いた。船とともに流されていく少年たちの話だったが、とうとう南極近くまで来てしまったらしいというくだりで、「見よ。『かか』と鳴きつつ飛びゆくは、(「かか」は見たこともない漢字だったが、かながふってあったので読めた)かのぺんぐいんなる鳥にして……」という文があり、ぼくはびっくりした。ペンギンが飛ばない鳥であることぐらい、小学生のぼくでも知っていたからである。有名な作家でも間違いをするものだということに気づいたのは、かなり貴重な経験だった。

そのころぼくは、本を読むことと並んで昆虫に興味をもちはじめていた。いつ買ってもらったのかおぼえていないが、『少年ファーブル昆虫記』とかいう本に触発されて、アゲハチョウの幼虫などを一生けんめい飼った。サナギが孵《かえ》りそうなのになかなかチョウが出てこないので、手伝ってやるつもりで皮をむいてやったこともある。そんな余計なことをしたら、出てきたチョウははねが伸ばせなくなってしまい、ぼくはしばらく泣いていた。

『学生版昆虫図鑑』も買ってもらった。もちろん今のようにカラー写真ではなく、白黒の図版だけだったが、ぼくは一ページ一ページ食い入るように読んだ。説明はそっけなく、「本州・四国・九州に産す。幼虫は何々を食す。稀なり」などという調子だったが、想像力はいやが上にもかきたてられた。

そのうちに大島正満《おおしままさみつ》という人の『動物物語』という本のことを知り、近くの本屋に注文しておいた。しばらくたって母が「ドウブツブツゴ」という本がとどいたよと渡してくれた。

これはじつにおもしろい本であった。とくに著者の大島さんが北大の学生だったころ、ドイツ帰りの昆虫学者松村松年《まつむらまつとし》先生から小動物の死体に集まるシデムシという虫のことを教わるところなど、夢中になって読み、とうとう自分でシデムシを飼うまでになった。二階の窓ぎわで父に叱られながら飼ってみると、思いもかけない変なことばかりが起こってたいへんだった。箱の中で飼うのと自然界で生きていることのちがいをそのときしみじみ感じとったような気がする。

そのほかにもぼくはいろいろなものを読んでいたと思う。日が暮れてうす暗くなった部屋のすみで、電灯もつけず何か読みふけっていて、「本ばかり読んで何してるのよ！　ちゃんと勉強しなさい」と、いつも母に叱られていた。そこでぼくはやおら家の外へ出て、となりの家との間の狭い隙間で、ますます暗くなるのも気にかけず読みつづけた。

何を読んでいたのか、もうまったくおぼえていない。ちゃんとした本だったはずはない。けれどこんなわけの分からない読書の中から、ぼくが何かを感じとっていたことはたしかである。

解説

日高本を読んだあとで、殺虫剤を使えるか

山下洋輔（ジャズピアニスト）

日高敏隆の本に出会えるだけでも幸運なのに、個人的にも知り合いになってお付き合いができたのだから、日高ファンとしては幸せの限りだ。と、まずは自慢をぶちかましてしまう。

ずっと続いたお付き合いの始まりが、新宿のジャズライブの店「ピットイン」だったというのも、考えてみると妙な話だ。動物行動学者が、なんでそんなところに来るのか？

話は1967年にさかのぼる。その日、我々は、ジャズマンと役者と詩人が入り乱れて演じるパフォーマンスを、深夜興行でやっていた。ジャズ評論家の立場を超えて現場に立ち続けるスーパー評論家、相倉久人の発案で実現した「新宿曼荼羅」という出し物で、その時代に於いても、衝撃的な、飛び抜けた内容だった。

その中で役者として活躍していた後藤喜久子の婚約者が、日高さんだったのだ。公演の休憩時間に、客席でゲラを取り出して直していたという伝説も伝わっている。今でも親しい人からは「キキ」という愛称で呼ばれている後藤喜久子には、絵の才能もあって、その後、後藤喜久子、日高喜久子、あるいはKiKi名義で、20冊以上の日高さんの本に200枚以上のイラストを添えることになる。

「あれ、それってMKじゃないの?」といぶかった方は、モノホンの日高ファンですね。ちなみにMKとは、ぼくの造語で「前に聞いた」です。その通りで、日高さんの事を書いたり喋ったりしようとすると、大体同じになる。集大成と言うべきものが、『ネコはどうしてわがままか』(新潮文庫)の解説になっている。この文章を、生前の日高さんが気に入ってくれて、文庫版の「あとがき」でわざわざ触れてくださったのは、望外の喜びだった。

その中にも出てくるのだが、「科学は芸術のようでなければならない」という強烈な日高イズムに支えられた「動物行動学」という学問に、ぼくはどんどん惹きつけられていった。というより日高さんの存在そのものと、その言葉に魅了されたわけで、同じ学問分野の他の本は、申し訳ないが、ほとんど読んでいない。

今回のエッセイ集シリーズのこの巻に収められたものも、大体読んだ記憶のあるものだ。しかし、初めて触れる内容もあって、貴重だった。例えばp.66~67に出てくる話題だ。水不足の国の人に井戸を掘って水を提供しようとする。日本人が深く掘れる機械を持ち込んで、深いところから沢山の水がとれるようになった。すると、いままでは表面の水を使っていたから問題がなかったが、深いところから出てくる水には砒素《ひそ》が入っていた。何万の人が砒素中毒になったというものだ。これはすごい話だ。よい事だと思ってやる事が他の場所や民族には当てはまらない。

全ての生物は自分たちの環境のなかで生きる方法を発見して長い間生きてきた、と日高さんの本で教えてもらっている。

あるカエルと別の種類のカエルでは子孫を残す方法が異なる。その生き方を相互に交換する事はできないのだ。このことは音楽を含む人間の芸術活動にも当てはまる。日高語録を文化人類学や民族音楽学と結びつけて考えてしまうという癖がいつの間にかぼくの中に生じていた。

以前に、ある音楽愛好家と交わした会話を覚えている。民族音楽学者が、アフリカのある部族に色々な音楽を聴かせるという実験をした。するとモーツァルトには何の感興も覚えないらしい事が分かった。「風の音と同じだ」と感じるらしい。「それでいいのか」というのが話題になったのだ。以下、正確な会話の再現ではないが、大筋をたどってみる。

「それは仕方がないではないか。彼らには彼らの美意識があるのだから」とぼくが言う。すると相手は、

「いいや、いけません。あのような素晴らしい音楽を理解する脳の回路がないのは駄目だ。分かるようにしっかりと教育をすべきだ。人間として大きな損をしているのだから」と譲らな

い。

今では時代遅れ（だと思いたい）の、西洋クラシック音楽しか存在価値がないと考える種類の音楽愛好家だったのだ。そういう人間には音大時代も含めてよく出会っていたから議論はしなかったが、今この本で読んだ「砒素問題」を知っていたら、こう言ったかもしれない。

「こういうことも起きている。だから、その人たちに無理矢理にモーツァルトを理解する教育をしたら、脳の深いところから猛毒が発生して、その人たちの命を奪うかも知れないではないか」

ジャズをやると決めた高校生の時から、自らを文化人類学的、民族音楽的な実験のさなかに放り込んだのだと、最近確信しているが、その考えの背景には、日高さんからいただいた無数の刺激的かつ面白く、ぶち飛んだ、動物行動学の言葉の数々がある。ジャズという音楽の中には、沢山の異なる文化の衝突や融合の事実と痕跡がある。そして、その音楽をやって生きて行くためには、夫々の個人やグループが、例えば、エサ（聴き手）の獲得の為に、独自の手段を開発しなければならない。などなど、日高理論とのアナロジーを始めるときりがないのだ。これほど影響されている。

ジャズの話が出たが、この分野で亡くなっている名プレイヤー達の演奏は、録音されて今でも残っている。チャーリー・パーカーやセロニアス・モンクの音にはいつでも会える。そしてその音は生きていて、大事な事を語りかけてくる。お互い遠く離れて暮らしているから生身では会えないが、いつも一緒に生きている。そのように考えてきた。同じように、日高さんはぼくのなかに生き続ける。

ところで、話は戻るが、前出の文庫本の解説は、最後は我が家の猫自慢になった。それを読んだある編集者が会いにきてくれた。その結果、とうとう『猫返し神社』という猫本ができるという日高理論の副産物が生まれた。

それを書いている過程で、あらためて大事な事を発見した。猫の動作を好きになると、全ての生物がいとおしくなる、というものだ。ミミズも、アメーバも、バイキンも、嫌いなはずだった蛇もそうだ。あたりを見回し、用心し、独特のからだの動かし方で移動し、餌を探す。皆、そっくりではないか！

そのおかげで、最近少し困っている。それは、全ての生き物がいとおしく見え、さらに、どの生き物も必死になって生きているという日高思想を信奉していると、例えば、台所に大量に湧き出てくるアリさんたちをどう扱えばよいのか。即座に殺虫剤をぶっかけて皆殺しにする？日高本を全て読んだあとで、そんなことが出来ますか、あなた？

日高家では、こういう場合どうしていたのだろうか。

キキさん、今度教えてください。

２０１４年８月

初出一覧

プロローグ

人間にとっての「自然」とは何か　「世界思想」第三四号（二〇〇九年春号）

1

街のなかのモンシロチョウ　「公園緑地」二〇〇三年三月号

自然とどうつきあうか　「コレージュ・ド・かめおか」第一五号（二〇〇四年三月）、公益財団法人生涯学習かめおか財団

イヌが聞く音について　『音がなければ夜は明けない』知恵の森文庫（二〇〇六年三月）

擬種としての文化をめぐって　『日本文化の新しい顔』岩波ブックレット、第四四五号（一九九八年一月）

2

生き物たちの生き方　福井県生涯学習館、二〇〇五年三月

利己的遺伝子と文化　シリーズ講演会「文化夜話」愛知県、二〇〇〇年三月

3

東北弁と映画館　『私の外国語習得法』悠思社、一九九一年三月

『ロビンソン・クルーソー』の凄さ　『新入社員に贈る一冊』経団連出版、一九九〇年一一月

エピローグ

わけの分からぬぼくの「読書」　『本はこころのともだち』メディアパル、二〇〇五年四月

生き物たちに魅せられて

2014年10月10日　第1刷印刷
2014年10月15日　第1刷発行

著者――日高敏隆

発行人――清水一人
発行所――青土社
東京都千代田区神田神保町1-29　市瀬ビル　〒101-0051
電話　03-3291-9831（編集）、03-3294-7829（営業）
振替　00190-7-192955

印刷――ディグ
表紙印刷――方英社
製本――小泉製本

装幀――戸田ツトム

ISBN978-4-7917-6820-2　　Printed in Japan

日高敏隆の本

犬のことば

好奇心いっぱい
日高ワールドへの招待
動物と人間の垣根をとりはらい
動物たちとの親密なつきあいを通して、
彼らの意識の内側を探り、
〈動物は自意識をもっているか〉
〈生物の性は何のためのものか〉
〈ゴキブリはなぜ嫌われるのか〉など
さまざまな疑問や、
おかしな新発見を報告する、
動物学への招待。
ぼくの動物誌。

日高敏隆の本

昆虫学ってなに？

チョウが舞いアリが這う昆虫王国。
チョウはなぜひらひら飛ぶのか。
地中生活の長いセミに
生きる歓びはあるのか、
そして如何に夏の到来を知るのか。
飛ぶのに４枚ばねが効率的なのに
２枚のはねの昆虫が多いのはなぜか。
なぜ蛾は嫌われるのか。
アリやハチたちの知られざる役割分担……。
光と闇、寒暖など自然界に鋭敏に感応し、
懸命に生きる
小さな生命の驚異と不思議。